HAUSSCHLACHTUNG: HUHN

HAUSSCHLACHTUNG: HUHN

Nachhaltige Selbstversorgung

Adam Danforth

Land & WERKEN

HEEL Verlag GmbH
Gut Pottscheidt
53639 Königswinter
Tel.: 02223 9230-0
Fax: 02223 9230-13
E-Mail: info@heel-verlag.de
www.heel-verlag.de

Folgt gerne auch dem Heel Verlag unter

www.instagram.com/heelverlag

www.facebook.com/heelverlag

www.youtube.com/heelverlag

@heelverlag

Originalausgabe:
Originaltitel: Butchering Chickens. A Guide to Humane, Small-Scale Processing
Text © 2020 by Adam Danforth
Originally published by Storey Publishing LLC in the United States
ISBN der Originalausgabe: 9781635861655
Herausgegeben von Carleen Madigan und Sarah Guare
Art Direction Carolyn Eckert
Buchgestaltung von Erin Dawson und Carolyn Eckert

Fotos:
Titelfoto oben © Carmen Troesser
Fotos Innenseiten © Keller + Keller Photography, 2–3, 6 l.u. & r.o., 7 l.o., 14, 15, 19–37, 47, 49, 62–63, 67–89, 95, 107, 108, 112–116, 118–121, 125–131, 157; © Carmen Troesser, 1, 5, 6 l.o. & r.o., 7 außer l.o., 8, 11–13, 17–18, 38–42, 53–55, 61, 64, 94, 96–105, 111, 117, 122–124, 132145, 151–156, 160-163
Weitere Fotos © Adam Danforth, 146
Illustrationen © Karin Spiker

Deutsche Ausgabe:
Übersetzung aus dem Englischen: Birgit van der Avoort, Havixbeck
Satz: gb-s, Königswinter
Coverdesign: Axel Mertens, Königswinter
Projektleitung: Helge Wittkopp
Lektorat: Peter Diekmann

Printed in Slovakia
ISBN: 978-3-96664-364-1

Bevor Sie sich an das Schlachten Ihrer Hühner machen, sollten Sie alle Anleitungen in diesem Buch gründlich lesen. Kein Buch kann den Rat eines Experten ersetzen. Die enthaltenen Empfehlungen und Angaben sind mit größter Sorgfalt zusammengestellt und geprüft worden. Autor, Übersetzerin und Verlag übernehmen keine Haftung für Schäden und Unfälle. Halten Sie sich immer an die für Ihr Bundesland geltenden Tier- und Waffenbestimmungen und -Gesetze. Dieses Buch kann nicht alle auftretenden Situationen vorhersehen, setzen Sie bei allen Handlungen Ihr persönliches Urteilsvermögen ein. Bei der Arbeit mit Tieren ist immer besondere Umsicht geboten. Größte Vorsicht gilt immer, wenn potenzielle Tötungswerkzeuge eingesetzt werden.

FÜR HENDRIX BELLE

Mögest du immer deine Begeisterung behalten.

INHALT

EINLEITUNG

„Ein Huhn in jedem Topf" wurde in den späten 1920er-Jahren als Ziel für das Sonntagsessen in den Vereinigten Staaten propagiert. Die amerikanische Fleischindustrie hat sich seitdem stark verändert. Heute essen die Amerikaner viel Huhn – mehr als jede andere Tierart, und zwar mit großem Abstand. (In Amerika landet im Schnitt tatsächlich ein ganzes Huhn in jedem Sonntagstopf – überall im Land!) Doch das Bewusstsein für die Fleischproduktion steigt und aufgeklärte moderne Geflügel-Konsumenten wollen wissen: „Wo wurde das Huhn gehalten?", „Womit wurde es gefüttert?" und „Wie wurde es getötet?" Wenn Sie Ihre eigenen Tiere halten, können Sie diese Fragen leicht selbst beantworten.

Es ist keine leichte Aufgabe, Tiere zu halten – egal, ob im eigenen Garten oder auf der größeren Freifläche einer Hühnerfarm mit wechselnden Herden. Man sollte sich genau überlegen, wie man die Umgebung der Tiere ihrem natürlichen Verhalten und einer positiven Sozialisation anpassen kann, gleichzeitig aber die für den Boden regenerative Wirkung fördert, welche mit der Hühnerhaltung einhergeht. Das Ergebnis dieser Anstrengungen kann sich sehen lassen: saftiges und gesundes Fleisch aus artgerechter Haltung.

Für viele ist der letzte Schritt des Prozesses – die Schlachtung – der schwierigste Teil der Aufzucht von Fleischvögeln, und das aus gutem Grund. Das Töten eines Tieres ist eine Verantwortung, die man nicht auf die leichte Schulter nehmen sollte.

Das Töten macht mir keinen Spaß, doch die Momente, in denen das Leben in den Tod übergeht, beseelen mich, da ein Tier, um das ich mich gekümmert habe, zu Nahrung für mein eigenes Überleben wird. Ich empfinde keine Freude an der Tötung, doch die Momente, wo Leben und Tod ineinander übergehen, wo ein Tier, für das ich Sorge getragen habe, in Nahrung für mein eigenes Fortbestehen verwandelt wird, inspirieren mich. Momente, in denen dies geschieht, dürfen nicht überstürzt werden. Ich bereite mich auf diese Tage stets in Ruhe vor. Dazu habe ich ein Prozedere gewählt, das den Stress für die Tiere reduzieren soll. Dadurch kann ich darauf vertrauen, dass die Schlachtung, die ich selbst kontrolliere und festlege, zu guten Ergebnissen führt – Tod, Leben und Fleisch.

Der Schlachttag ist außerdem eine großartige Gelegenheit, sich mit einer Gruppe zusammenzutun. Es gibt keinen Grund, es alleine zu machen. Tatsächlich ist der Prozess viel effizienter, wenn die Stationen getrennt sind und der Prozess einen Fluss hat. Laden Sie also diejenigen ein, die Sie kennen, die neugierig und bereit sind, sich für bessere regionale Lebensmittel einzusetzen.

Doch denken Sie nicht nur an diesen letzten Tag. Jeder Tag im Leben eines Tieres verbessert oder verschlechtert die Qualität des Fleischproduktes. Es ist keine romantische Vorstellung, dass ein Tier, das ein gutes Leben hatte – ein Vogel, der unter seinesgleichen aufwächst, ausreichend zu fressen hat und in einer sicheren Umgebung lebt – besseres Fleisch hervorbringt.

Die Lebensumstände, die bestes Fleisch garantieren, sind die gleichen, welche die Tiere selbst wählen würden: Bewegungsfreiheit, abwechslungsreiches Futter, langsames Wachstum und ein langes Leben. (Das genaue Gegenteil findet in der Massentierhaltung statt. Dort wird auf Käfighaltung, industrielle Futtermittel, schnelles Wachstum und die Schlachtung junger Tiere als Mittel für eine erfolgreiche Fleischproduktion gesetzt.) Mit dem Fleisch eines glücklichen Huhns will sich nicht nur die Gastronomie brüsten. Es vereint in sich all die Aromen des Bodens, auf dem das Huhn gelebt hat – Terroir in Reinform. Das Fleisch ist ein Geschmackserlebnis, das Emotionen freisetzt und Erinnerungen schafft. Vor allem, wenn es zusammen mit anderen genossen wird. Es unterstreicht den Wert der Mühen, die Sie auf sich genommen haben, um dieses bescheidene Geflügel auf den Tisch zu bringen. Denken Sie an diese Prinzipien, wenn Sie tagein, tagaus Ihre Hühner versorgen.

Wenn die Tat vollbracht ist, bleibt Ihnen jede Menge wunderbares Geflügel. Neulinge in diesem Metier werden feststellen, dass dieses Fleisch um Klassen besser ist als alles, was Sie bisher gegessen haben. Nach der Lektüre dieses Buches werden Sie wissen, wie Sie das Beste aus diesem Fleisch machen, indem Sie lernen, wie Sie Schlachtkörper zerlegen und zuschneiden. Sie erfahren, wie Sie das Fleisch verpacken, damit es seine Frische behält, und wieso Ihre Mühen nicht umsonst waren.

Wenn Sie mit ganzen Schlachtkörpern arbeiten, können Sie Ihrer Kreativität in der Küche freien Lauf lassen. Ich werde Ihnen Schritt für Schritt Alternativen zum Standard-Grillhähnchen zeigen, andere Methoden zum Entbeinen und zur Zubereitung von köstlich gefüllten Fleischstücken näherbringen. Außerdem liefern Hühner mehr als nur das von den Knochen gelöste Fleisch: Organe, Füße, Fette und Knochen werden zu selbst gemachten Brühen und ausgelassenem Fett verarbeitet. Wenn Sie erst einmal anfangen, mit hausgemachten Produkten zu kochen, werden Sie zukünftig keine fertigen Brühwürfel oder Backfette mehr kaufen.

Tiere, die uns als Nahrung dienen, verdienen ein Leben in einer Umgebung, die ihr Unbehagen lindert, ihr instinktives Verhalten unterstützt und sich die Vitalität des Bodens zur Aufgabe macht. Aus diesem Grund ist die Aufzucht von Tieren für den eigenen Fleischkonsum in der Tat ein Weg, um aus dem bestehenden System auszusteigen. Gewinnen Sie die Kontrolle über das Fleisch zurück, das Sie essen und ändern Sie so die Lebensbedingungen der Tiere von schrecklich zu erbaulich. Angesichts der Ungeheuerlichkeiten der industriellen Geflügelproduktion können Sie sehen, wie die folgenreichste Entscheidung für die Lebensmittelhoheit die Aufzucht der Hühner ist. Dieses Buch wird Ihnen helfen, dieses Ziel zu erreichen.

PARSLEY

WEFT & WARP
SEAMSTER
Maine USA

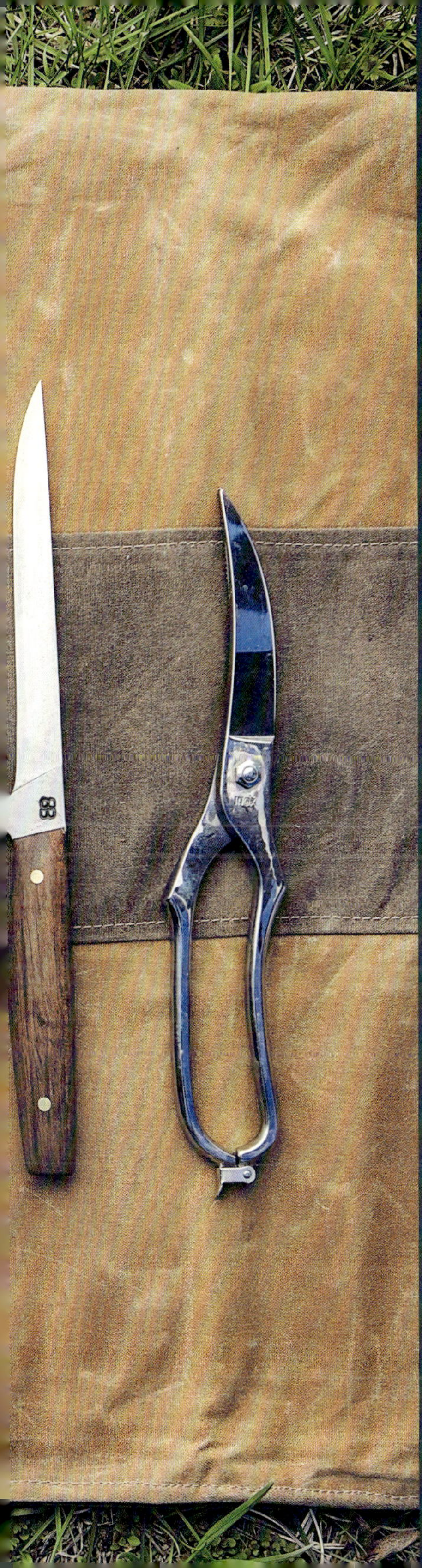

1

Werkzeugauswahl & Utensilien

Die eigene Viehzucht ist einer der elementarsten Schritte, um die Hoheit über unsere Lebensmittel zurückzuerobern, und Hühner sind einfach perfekt für den Anfang. Glücklicherweise sind Platz, Einrichtung und Ausrüstung, die man für die Aufzucht und Verarbeitung von Hühnern benötigt, recht überschaubar. Zumindest im Vergleich zu vielen anderen Tierarten. Die wichtigsten Werkzeuge zum Schlachten und Zerlegen sind einfache, preisgünstige Geräte, welche die Grundlage für die Entwicklung von Fertigkeiten legen, die Sie bei anderen Nutztierarten anwenden können. Wenn Ihre Herde wächst, wird auch Ihr Bedarf an einer spezielleren Ausrüstung wachsen. Doch lassen Sie sich von zukünftigen Hürden nicht abschrecken. Fangen Sie klein an und wachsen Sie mit den Erfahrungen.

Wahl der Messer

Messer gibt es in vielen Ausführungen von verschiedenen Marken, sodass die Wahl des richtigen Messers eine schwierige Aufgabe sein kann. Wenn Sie sich für eines entscheiden, gehen Sie in ein Fachgeschäft, um das Messer vor dem Kauf auszuprobieren. Das Messer sollte gut in der Hand liegen, denn Sie werden es für eine längere Zeit halten. Testen Sie es mit beiden Griffen, wie auf Seite 22 beschrieben. Achten Sie darauf, dass Sie es leicht greifen und ausbalanciert halten können.

Der Griff sollte aus einem Material bestehen, das sich leicht desinfizieren lässt. Bei Holzgriffen reicht es oftmals schon, kurz mit feinem Schleifpapier den Belag zu entfernen. Mit einer strukturierten Oberfläche lässt sich das Messer besser greifen. Messerklingen aus rostfreiem Stahl mit hohem Kohlenstoffgehalt sind rost- und fleckenbeständig und behalten eine mäßige Schärfe. Die Wartung dieser Messer ist gering. Messerklingen aus Karbonstahl sind schärfer und haben eine länger anhaltende Schärfe, doch der Wartungsaufwand ist höher, da sie bei falscher Pflege zu Rost und Fleckenbildung neigen (und im Allgemeinen teurer sind).

Eigenschaften der Klinge

Messerklingen können flexibel, halbsteif (semiflexibel) oder steif sein. Halbsteife und steife Klingen sind zum Schlachten am gebräuchlichsten und ideal für Anfänger, die sich gerade erst mit den Feinheiten des Schneidens vertraut machen. Mit ihnen können Sie der Krümmung des Knochens folgen und Gelenke durchtrennen. Flexible Klingen können schon einmal abrutschen und den Winkel ändern, deshalb erfordern sie geschickte Handarbeit und sind häufiger an den Blöcken erfahrener Metzger zu finden. Auch wenn man sich erst an den Umgang mit flexiblen Klingen gewöhnen muss, so haben sie beim Schlachten von Geflügel unbestritten Vorteile:

Mit einem flexiblen Messer können Sie der Krümmung der Rippen gut folgen, wenn Sie Bruststücke herauslösen, mit einer weichen Messerspitze lassen sich kleinere Knochenverbindungen besser trennen, zumal kleine

FORM

GEBOGENE KLINGEN sind ideal, um in kleine Räume in den Gelenken zu kommen, oder zum Häuten.

GERADE KLINGEN sind besser zum genauen Schneiden, Beschneiden und Portionieren.

Geflügelknochen ohnehin flexibler sind. Folgt man ihnen mit einer flexiblen Klinge, muss man weniger Kraft aufwenden.

Halbsteife Klingen sind ausreichend gebogen, um die Klinge nahe an einem Knochen oder Tisch zu führen, was dann hilfreich ist, wenn große Stücke eines Kapaun-Beins ausgelöst und entbeint werden oder Fett von der Haut abgekratzt wird. Bei steifen Klingen können Kraft und Energie beim Schneiden sehr effizient übertragen werden, da nichts durch die Klinge verloren geht. Da sie weniger flexibel sind, können sie insgesamt auch genauer schneiden. Die Klinge rutscht bei geraden Schnitten nicht so schnell ab. Das ist gerade beim Ausbluten im Schlachtprozess sehr hilfreich, oder wenn Rücken, Hals und Rippenknochen durchtrennt werden müssen (obwohl bei Letzteren eine Geflügelschere geeigneter ist).

Die meisten Messer werden in zwei Ausführungen angeboten: gerade und gebogen. Mit beiden Formen lässt sich gut arbeiten, doch die Entscheidung für das eine oder andere ist Geschmackssache. Gerade Messer fühlen sich eher wie die natürliche Verlängerung der Hand an. Mit ihnen können Sie genauere Schnitte setzen. Gebogene Messer haben einen abfallenden Rücken. Die Spitze der gebogenen Klinge ist so konzipiert, dass man damit auch an kleinere Räume gelangt – äußerst hilfreich, wenn Kleingeflügel zerlegt oder Wirbel durchtrennt werden.

FLEXIBILITÄT

FLEXIBLE KLINGEN – Damit lässt sich feiner schneiden. Ideal zum Entfernen der Knochen, Enthäuten und Durchtrennen der Sehnen. Gut geeignet für die Arbeit mit Brustzuschnitten, Kleingeflügel und Detailarbeiten.

HALBSTEIFE (SEMI-FLEXIBLE) KLINGEN – sehr biegsam, um die Schneide nah am Knochen oder Tisch zu halten. Äußerst praktisch, um größere Fleischstücke mit festen Knochen zu entbeinen.

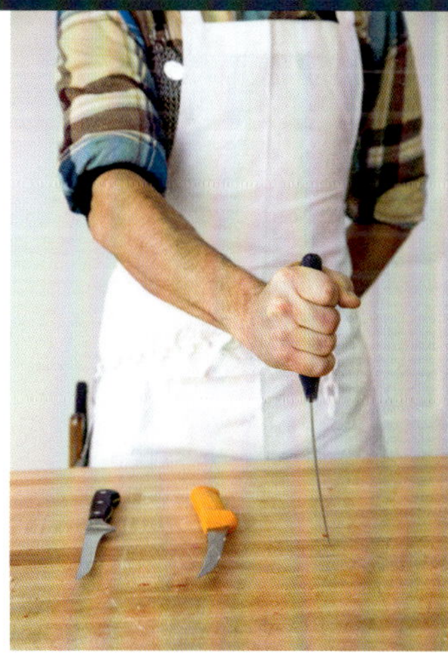

STEIFE KLINGEN – Damit wird die Kraft direkt in den Schnitt übertragen. Sie sind sehr präzise und es besteht auch nicht die Gefahr, dass die Klinge bei geraden Schnitten abrutscht. Ideal zum Ausbluten beim Schlachten und Portionieren.

Unverzichtbare Messer und andere Werkzeuge

Messer werden in unzähligen Formen und Größen angeboten, mit speziellen Designs für bestimmte Arbeiten. Es ist perfekt, wenn Sie eine Grundausstattung an Messern zur Verfügung haben, aber fürs Schlachten und Verarbeiten brauchen Sie nur zwei oder drei richtige Messer. Ein guter Anfang ist die Auswahl aus der folgenden Liste. Alle Messer sollten frisch geschliffen und die Griffe aus einem Material bestehen, das leicht zu desinfizieren ist (siehe Seite 48 für Desinfektionstechniken).

KLEINES MESSER MIT DÜNNER KLINGE oder Skalpell zum Ausbluten und für den Ohrscheibenstich.

10-CM-MESSER zum Ausnehmen von Verdauungstrakt und anderen Organen. (Das kann auch Ihr Hauptmesser zum Schlachten sein.)

ABHÄUTEMESSER oder stumpfes Schälmesser zum Entfernen hartnäckiger Nadelfedern.

12- BIS 15-CM-AUSBEINMESSER als verlässliches Messer fürs Schlachten und andere Aufgaben.

AUSBEINMESSER

Die Ausbeinmesser mit dünner Klinge sind zwischen 10 und 18 cm lang. Sie sollten Ihr Hauptwerkzeug sein, sind sie doch für viele Schnitteinsätze geeignet: vom Zerlegen des Schlachtkörpers bis hin zum Abschneiden des Bindegewebes, Entfernen des Rückgrats und selbst zum Ausnehmen. Das gebräuchlichste Ausbeinmesser für die Verarbeitung von Geflügel ist 12 bis 15 Zentimeter lang, halbsteif und gebogen. Wenn Sie sich an die halbsteife Klinge gewöhnt haben, das Zusammenspiel zwischen Hand und Messer und die anatomischen Teile verinnerlicht haben, können Sie sich auch an eine flexible Klinge wagen.

SCHERE

Eine gute Schere ist für die Geflügelverarbeitung unentbehrlich. Wählen Sie ein Modell mit Blättern aus rostfreiem Edelstahl mit hohem Kohlenstoffgehalt und einem Griff, den Sie leicht desinfizieren können. Zweiteilige Scheren lassen sich einfacher zum Reinigen auseinandernehmen. Schwerere Modelle wie die Hand-Bolzenschneider oder solche zum Beschneiden oder Schneiden kleiner Zweige haben eine Kerbe. Mit denen können Sie runde Knochen sauberer durchtrennen als mit herkömmlichen Geflügelscheren.

HACKMESSER

Hackmesser sind traditionelle Metzgerwerkzeuge, die vor allem bei der Geflügelverarbeitung äußerst nützlich sind. Da Vogelknochen recht weich und von innen hohl sind, lassen sich mit dem Hackmesser Hälse, Wirbel und ganze Schlachtkörper für Brühen und Suppen zerkleinern.

Bei Hackmessern wird eine große Auswahl an Ausführungen, Größen, Gewichten und Hand-Komfort angeboten. Das Hackmesser sollte schwer sein, denn es geht hier um Wucht und nicht um Präzision. Am besten ist es wie eine Axt kopflastig, sodass beim Schwingen das Gewicht der breiten Klinge und nicht Ihre Kraftanstrengung für den nötigen Schwung sorgt. Im Gegensatz zu anderen Metzgerwerkzeugen sind alte Hackmesser genauso leistungsstark wie neue und kosten im Verhältnis zu ihrem Gewicht meist weniger.

GRUNDWERKZEUGE ZUM SCHLACHTEN

SCHÄRFEN DER MESSER

Ein Messer ist ein verblüffend einfaches Werkzeug mit einer einzigen scharfen Klinge, mit der Sie verschiedene Schnitte ausführen können, um ein lebendes Tier in ein köstliches Gericht zu verwandeln. Die Wirksamkeit dieses Werkzeugs kann nur durch eine gute Grundpflege und Wartung erhalten bleiben – und zwar durch Abziehen (Honen) und Schärfen. Beides sollten Sie nicht verwechseln! Beim Abziehen wird die empfindliche Schneide regelmäßig wieder aufgerichtet (Korrektur der Mikroverzahnung in der Klinge), während sie beim Schärfen immer wieder neu hergestellt wird (Entfernung von Metall von der Schneide). Diese beiden Vorgänge bestimmen Ihren Erfolg beim Schlachten. Einfach ausgedrückt: Abgezogene Messer schneiden leichter, erfordern weniger körperliche Anstrengung und halten länger in Ihrer Messerrolle.

WETZSTÄBE

Wetzstäbe (Messerstähle) können aus unterschiedlichen Materialien bestehen: aus poliertem Stahl, gerilltem Stahl, Keramik, Borosilikat (Pyrex) und mit Diamant beschichtetem Stahl. Gerillte Stäbe sind zwar äußerst beliebt, doch sie können die Mikroverzahnung auf der Klinge eher verformen als aufrichten. Keramik, Borosilikat und Diamant-Wetzstäbe sind fürs Abziehen geeignet, doch damit werden aufgrund ihrer extremen Härte auch kleine Materialmengen abgetragen. Das Messer lässt sich also abziehen sowie leicht schärfen und instandhalten. Nur bei poliertem Stahl wird kein Material abgetragen.

In puncto Preis rechnet sich ein Keramik-Wetzstab mit feiner Körnung (1.000er oder höher) am ehesten, doch zum bloßen Abziehen ist polierter Stahl ideal, da er die Klinge durch leichtes Schärfen nicht beschädigt. Vielleicht können Sie mit mehreren Stäben aus unterschiedlichen Materialien arbeiten: polierter Stahl für den täglichen Gebrauch und ein fein- oder grobkörniger Stab für die Instandhaltung. Wählen Sie einen mindestens 25 Zentimeter langen Stab. Je länger er ist, desto einfacher lässt sich das längste Messer bearbeiten. Wenn Sie den Wetzstab an der Kette der Messerscheide

Das Aufrichten der Schneide Ihrer Klinge durch das Abziehen erfordert sehr wenig Kraft.

(siehe unten) aufbewahren wollen, dann sollte der Griff am Ende einen Metallring haben.

SCHÄRFEN

Wenn die Klinge beim Abziehen nicht mehr richtig scharf wird, ist es an der Zeit, das Messer zu schärfen. Fragen Sie in Ihrem Lieblingsrestaurant, wo dieses seine Messer schärfen lässt, oder suchen Sie sich einen Fachmann in der Nähe, der auch Messer für Küchenprofis schärft. Auch zu Hause können Sie Ihre Messer hervorragend mit Diamant-, Öl- oder Schleifstein schärfen. (Ich empfehle Ihnen Schleifsysteme von Edge Pro; siehe Bezugsquellen, Seite 169).

Das Schärfen mit dem Edge Pro garantiert die Einhaltung des stets selben Schleifwinkels.

MESSER SICHER IN DER MESSERSCHEIDE AUFBEWAHREN

Es kann gefährlich sein, beim Schlachten oder auf der Arbeitsfläche mit mehreren Messern gleichzeitig zu arbeiten. Beim Schlachten kann es schon einmal vorkommen, dass ein Messer in einem Fleischberg verschwindet. Gefährlich wird es dann, wenn Sie versuchen, das Messer zu finden und versehentlich in die Klinge greifen. Umherliegende Messer können zu Boden fallen, dabei wird die Klingenkante beschädigt und kann schmutzig werden. Mit einer Messerscheide kommen Sie jederzeit an Ihre Messer, gleichzeitig können Sie sich und andere am Arbeitsplatz schützen. Außerdem bleiben die Messer scharf und sauber.

Messerscheiden und die Ketten, an denen sie befestigt sind, werden in Kunststoff oder Aluminium angeboten. Kunststoff-Messerscheiden bestehen aus einem Stück und bieten Platz für drei Messer und einen Fleischerhaken. Sie sind hitzebeständig und leicht zu sterilisieren, wenn Sie mit einem Sterilisationskasten für Messer arbeiten (siehe schnelles Tauchbad auf Seite 48). Aluminium-Messerscheiden bestehen aus mehreren Teilen und können zum Reinigen und Sterilisieren leicht auseinandergenommen werden. Durch das weiche Material werden die Messerschneiden nicht stumpf und es passen bis zu fünf Messer in die Scheide. Sowohl Kunststoff als auch Aluminium sind geeignet, aber Ihre Wahl sollte auf Aluminium fallen, wenn Sie in der Regel mehr als drei Messer griffbereit haben wollen.

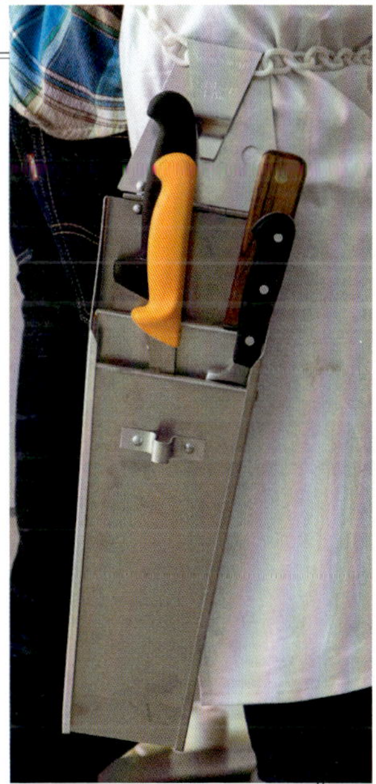

Eine Messerscheide schützt die Klingen und beugt unvorhergesehenen Unfällen wegen einer falschen Aufbewahrung der Messer vor.

Arbeiten mit dem Wetzstab

Mit einem Wetzstab bleibt das Messer scharf und es können saubere Schnitte gesetzt werden. Er richtet die Messerschneide wieder auf. Dazu sind nur ein leichter Druck (etwas mehr als bloßes Berühren) und einige gute Abzüge erforderlich. Wenn Sie meinen, Sie müssten mehr Druck ausüben, damit das Messer wieder scharf wird, dann müssen Sie es nicht abziehen, sondern schärfen. Sie können den Wetzstab auf die Arbeitsplatte setzen oder freihändig damit arbeiten.

DEN RICHTIGEN WINKEL FINDEN

Stellen Sie den Wetzstab zunächst senkrecht im rechten Winkel auf den Tisch. (Legen Sie eventuell ein Handtuch unter, damit der Stab nicht abrutscht oder Kerben in der Holzfläche hinterlässt.) Legen Sie den hinteren Teil der Messerschneide (der dem Griff am nächsten liegt) oben am Wetzstab an. Der Winkel zum Abziehen sollte möglichst bei 22 Grad liegen. Das gelingt am einfachsten, wenn Sie zuerst bei 90 Grad beginnen, also direkt senkrecht zum Stab. Dann teilen Sie diesen Wert in die Hälfte (45 Grad) und dann nochmals in die Hälfte (22 Grad). Wenn Sie den genauen Winkel der Messerschneide kennen, können Sie den Winkel stattdessen schätzen.

TISCH-METHODE

Für Anfänger ist die Tisch-Methode zu Beginn am einfachsten. Der Wetzstab steht sicher auf dem Tisch, sodass eine der Variablen entfällt (Bewegung des Stabs). So können Sie sich voll und ganz auf die Faktoren Winkel und Druck konzentrieren.

Während der Winkel unverändert bleibt, ziehen Sie das Messer zu sich und bewegen es dabei auf dem Wetzstab nach unten. Wiederholen Sie den Vorgang auf der anderen Seite.

FREIHÄNDIGES ARBEITEN

Wenn Sie sich mit dem Abziehen vertraut gemacht haben, können Sie den Wetzstab auch freihändig nutzen. Dabei bleiben Winkel und Druck gleich, doch die Bewegung wird mit dem Wetzstab in einer Hand ausgeführt.

Halten Sie den Wetzstab in der Hand ohne Messer in einem leichten Winkel nach oben. Legen Sie die Messerschneide, nah am Griff, an der Spitze des Wetzstabes in einem 20-Grad-Winkel an. Ziehen Sie das Messer zu sich, während Sie es gleichzeitig am Wetzstab nach unten bewegen – die Hand bewegt sich dabei nach innen – und die ganze Messerschneide den Wetzstab berührt. Diesen Vorgang wiederholen Sie mit der anderen Seite des Messers und arbeiten dabei entweder von unten oder von oben am Wetzstab. Das Messer bewegen Sie von sich weg (wie abgebildet) oder zu sich hin.

DAS AUSBEINMESSER RICHTIG HALTEN

Sie können das Ausbeinmesser auf zwei Arten greifen: mit dem Revers- oder Punktgriff.

Reversgriff

Der umgekehrte Messergriff ist der Hauptgriff, den Sie für das Ausbeinmesser verwenden werden. Drehen Sie die Messerklinge nach unten (daher der umgekehrte Griff) und halten Sie den Griff mit geschlossener Faust, so wie Sie einen Hammer halten würden. (Halten Sie das Messer mit der Klinge nach oben. Diese Methode wird Hammergriff genannt und hauptsächlich bei Hackmessern verwendet.) Die Schneide des Messers kann in beide Richtungen zeigen – nach innen oder nach außen – je nachdem, ob Sie das Messer zu sich heranziehen oder von sich wegschieben. Der Reversgriff ermöglicht es Ihnen, das Messer fest in der Hand zu halten, sodass Sie sich mit größerer Kraft durch Knorpel, fragile Knochen, Sehnen und andere widerstandsfähige Materialien arbeiten können. Seien Sie besonders vorsichtig beim Ziehen des Messers in Ihre Richtung: Nach dem Durchschneiden einiger Teile der Karkasse ist es nicht ungewöhnlich, dass man das Messer versehentlich zum Körper bewegt, daher die Notwendigkeit von Schutzschürzen (siehe Seite 35). In den meisten Fällen, wenn ich Ihnen im Buch empfehle, mit dem Ausbeinmesser zu arbeiten, ist das der Griff, den Sie verwenden sollten.

Punktgriff

Der Punktgriff ist die Art, wie die meisten Leute ein Messer in die Hand nehmen. Jedes Ihrer Messer können Sie so halten, sei es Ausbein-, Schlacht- oder Hackmesser. Der Griff wird für Schnitte verwendet, die Genauigkeit und Finesse erfordern, wie das Nachfahren der Form der Wirbelsäule beim Entbeinen einer Lende. Um den Schnitt noch besser zu kontrollieren, legen Sie Ihren Zeigefinger auf den Rücken des Messers (sogenannter Spitzgriff). Wechseln Sie zu diesem Griff, wenn der Reversgriff sich zu grob anfühlt oder Sie das Messer nicht im richtigen Winkel ansetzen können.

Reversgriff

Punktgriff

VORBEREITUNGEN FÜR DIE SCHLACHTUNG

Sie sollten das Schlachten im Vorfeld gut planen. Sie brauchen einige Utensilien sowie einiges an Werkzeug und Geräten, die Ihnen die Arbeit erleichtern. (Weitere Informationen zu Bezugsquellen auf Seite 168.) Je mehr Vögel Sie verarbeiten, desto stärker werden Sie von einer speziellen Ausrüstung profitieren, doch die Grundvoraussetzungen zum Schlachten von Geflügel sind unabhängig von der Menge immer gleich. Sie können auch allein sehr effektiv schlachten, doch die meisten sagen aus Erfahrung, dass es am besten in einer Gruppe gelingt, da Sie dann die einzelnen Schritte effizient und ohne Unterbrechung ausführen können.

Wählen Sie einen Schlachtplatz, der viel Platz für Ihre Geräte und Stationen bietet. Arbeiten Sie im Freien, wählen Sie einen Ort, an dem der Untergrund flach und sauber ist, der eine gute Drainage hat und nicht übermäßig staubig ist. Der Arbeitsplatz selbst sollte jeweils eine Station fürs Betäuben, Töten und Rupfen (der schmutzige Teil) sowie einen weiteren Bereich zum Ausnehmen, Säubern und Abkühlen (der saubere Teil) haben. Diese beiden Arbeitsgänge sollten streng voneinander getrennt bleiben, damit alle Hygienevorschriften eingehalten werden können. Sie benötigen Zugang zu Trinkwasser. Fließendes Wasser ist praktisch, um die Schlachtkörper vor dem Abkühlen und Säubern der Innereien abzusprühen. Damit Sie und die Fleischwaren beim Schlachten sauber bleiben, müssen Sie sich

AUSRÜSTUNGSLISTE

Die nötige Grundausstattung ist recht einfach, doch wenn Sie regelmäßig größere Geflügelmengen verarbeiten, werden Sie zeit- und kraftsparende Utensilien schätzen lernen. Ich habe nachfolgend einige Gegenstände aufgelistet, von notwendig bis optimal.

BETÄUBEN: Knüppel oder Kleintierbetäubungsgerät

AUSBLUTEN: kleines scharfes Messer (7 bis 8 cm) oder Skalpell für Ohrenscheibenstich, Stechmesser

ABHÄNGEN: selbstgebauter oder gekaufter Schlachttrichter

BRÜHEN: großer Topf, Truthahnfritteuse, Brühbehälter oder Kombination aus Brüh-/Tauchbehälter

RUPFEN: mit der Hand oder einer Rupfmaschine (Tischgerät oder Wanne)

AUSNEHMOBERFLÄCHE: Schneidebrett, Metzgerblock-Tisch oder Edelstahl-Wassertisch

KÜHLEN: mit Eis gefüllte Kühler oder temperaturgeregelte Edelstahlwannen

LAGERUNG: Kühlschrank, Schnellkühler oder Kühlraum

regelmäßig die Hände waschen. Vorausschauend planen, und zwar so, dass Sie auch eine Hand frei haben! Denken Sie an zwei Eimer, einen mit Seifenwasser und einen mit klarem Wasser zum Abspülen, einen fußbetriebenen Wasserhahn oder sogar einen mit Kugelhahn absperrbaren Schlauch. Edelstahl und Holz sind ideale lebensmittelechte Materialien für Behälter und Oberflächen. Ansonsten nehmen Sie lebensmittelgeeigneten Kunststoff – für Eimer, Schneidebrett, Kühlbehälter und Schlauch.

Methoden und Werkzeug zum Betäuben

Für die Verarbeitung von Geflügel im landwirtschaftlichen Betrieb gibt es zwei Hauptmethoden zum Betäuben: Knüppel und elektrische Betäubung. Stellen Sie sicher, dass Sie ein hochwirksames Betäubungsverfahren anwenden, das primäre und sekundäre Methoden umfassen kann, bevor Sie mit der Schlachtung beginnen. Testen Sie die Ausrüstung im Voraus, um sicherzugehen, dass sie richtig funktioniert, und planen Sie Zeit für erforderliche Reparaturen ein. Es ist wichtig, dass Sie genau ansetzen und zielen. Wenn Sie danebenschießen, verstümmeln Sie wahrscheinlich nur den Vogel und fügen dem verängstigten und unberechenbaren Tier unglaubliche Qualen und Schmerzen zu.

KNÜPPEL

Das Tier sollte gut fixiert werden, sodass sich die Schwungfedern nicht ausbreiten können. Man verwendet meist einen etwa daumendicken und eine Elle langen Stab für die Betäubung. Mit diesem wird dem Huhn zielgenau und mit Schwung, aber nicht zu kräftig auf den Kopf geschlagen, sodass es betäubt wird. Bitte bedenken Sie, dass ein zu kräftiger Schlag das Tier nicht betäubt, sondern tötet, was wiederum nachteilig für das Ausbluten ist.

ELEKTRISCHE BETÄUBUNG

Neue Produkte haben die individuelle elektrische Betäubung zu einer zuverlässigen und erschwinglichen Option für die Verarbeitung in landwirtschaftlichen Betrieben gemacht. („Erschwinglich" hängt natürlich von der Menge der zu verarbeitenden Vögel ab. Erwägen Sie, den Kauf eines Gerätes und die Kosten mit anderen Landwirten zu teilen, die ebenfalls in der Geflügelzucht arbeiten.) Die beiden wichtigsten Optionen sind eine Niederspannungs-Betäubungszange und ein Betäubungsmesser. Eine Betäubungszange schickt mit Hilfe von zwei Schenkeln, die auf beiden Seiten des Tierkopfes platziert werden, elektrischen Strom durch das Gehirn des Tieres. Ein Betäubungsmesser ist ein Stechmesser für Geflügel, das an Strom angeschlossen ist, sodass Sie zunächst einen Elektroschock zur Betäubung des Vogels abgeben, bevor Sie das Tier mit demselben Werkzeug ausbluten lassen. Die Betäubungszange ist weitaus erschwinglicher, besser durch Forschung und Entwicklung unterstützt, und Sie müssen keine teuren Messerklingen ersetzen.

Vorbereitungen für das Aufhängen und Ausbluten

Wenn Sie die Vögel während des Ausblutens aufhängen, sollten Sie eine einfache Möglichkeit zum Fixieren sowie zur Minimierung des Zappelns einplanen. Die gängigste Methode ist die Verwendung von Schlachttrichtern, und das aus gutem Grund, denn sie sind sehr effektiv für die Handhabung und Fixierung des Vogels. Unabhängig von der gewählten Hängemethode sollten Sie darauf achten, dass Sie ein geschlachtetes Huhn leicht herausnehmen können und ein lebendes, das mit den Flügeln schlägt und zappelt, ebenso leicht hineinlegen können, selbst wenn es richtig behandelt wird.

SCHLACHTTRICHTER

Trichter sind eine bequeme und hochwirksame Lösung. Das Einsetzen des Vogels ist einfach und die Form des Trichters verhindert ein zu starkes Flattern der Flügel, wodurch mögliche Quetschungen reduziert werden. (Befestigen Sie ein kurzes Gummiband um die Beine des über Kopf hängenden Tieres, um Treten, Schlagen und Flucht vorzubeugen und gleichzeitig Quetschungen und Brüche an den Flügeln zu minimieren.) Der Trichter hält den Vogel auch während des Betäubens und Ausblutens in der Rückenlage. Fertige Schlachttrichter sind überall erhältlich,

Schlachttrichter sind ideal, um Geflügel beim Ausbluten zu fixieren.

aber mit relativ wenig Aufwand können Sie Ihre eigenen Trichter bauen, indem Sie abgewandelte Baukegel verwenden oder Platten aus einem beliebigen hygienischen Material – verzinkter Stahl, Aluminiumbleche, faltbare Kunststoffschneidebretter – zu einem Trichter formen.

HÄNGEAUFBAU

Der Hängebereich ist ein Teil des Schlachtplatzes und sollte genügend Platz bieten, damit Sie die Hühner problemlos ablegen, aufhängen, betäuben und ausbluten lassen und zum nächsten Schritt (Brühen) übergehen können. Bauen Sie eine unkomplizierte und stabile Holzkonstruktion aus Kanthölzern zum Aufhängen der Vögel an Trichtern oder anderen Geräten. Dies ist praktisch, wenn Sie regelmäßig Vögel verarbeiten. Oder wählen Sie vorgefertigte Aufhängungen für Schlachttrichter in verschiedenen Ausführungen.

AUFBAU ZUM BLUTAUFFANGEN

Die Blutmenge beim Ausbluten kann sehr unterschiedlich sein, insbesondere wenn Dutzende von Hühnern gleichzeitig geschlachtet werden. Der Gesamtanteil am Lebendgewicht kann je nach Art und Alter zwischen drei und fünf Prozent betragen, was bei einem handelsüblichen Huhn ungefähr 75 Milliliter entspricht. (Das bedeutet, dass Sie bei 50 Masthähnchen zwischen drei und vier Liter Blut auffangen müssen). Bei einem erfolgreichen Ausbluten fließen 35 bis 50 Prozent des Blutes ab. Der Großteil des verbleibenden Blutes des Schlachtkörpers befindet sich in den Eingeweiden, weniger als zehn Prozent verbleiben in den Muskeln.

Während des Ausblutens benötigen Sie ein Gefäß, um das Blut aufzufangen. Wenn Sie mehrere Vögel auf einmal aufhängen, stellen Sie eine große Metall- oder Plastikwanne – etwas, das hinterher leicht zu reinigen ist – unter die Vögel. Für einzelne Vögel reicht ein großer 10-Liter-Eimer, der direkt unter dem Kopf des Vogels platziert wird. Das beim Ausbluten aufgefangene Blut kann leicht kompostiert und in Blutmehl umgewandelt werden, eine Mischung, die reich an Stickstoff und anderen Nährstoffen ist.

Wenn Sie das Blut für die weitere Verwendung in der Küche auffangen möchten, brauchen Sie einen sauberen, lebensmittelechten Behälter und natürlich sauberes Blut, was zur echten Herausforderung werden kann, wenn der blutende Vogel mit Kot bedeckt ist und über dem Behälter herumzappelt. Große Plastikgefäße und 10-Liter-Eimer sind gut geeignet zum Auffangen des Blutes von hängenden Vögeln. Sie können ein Stück Käseleinen oder ein feinmaschiges Sieb über die Öffnung spannen, um Feststoffe wie Federn fernzuhalten. Dennoch ist es schwierig, sicherzustellen, dass das bei der Geflügelschlachtung aufgefangene Blut sauber bleibt.

Vorbereitungen für das Brühen

Das Brühen von Geflügel ist ein Verfahren, bei dem man einen Vogel wiederholt in erhitztes Wasser taucht, um die Federfollikel zu entspannen und das Eiweiß, das die Federn zusammenhält, zu trennen. Die Follikel verankern die Federn in der Haut. Wenn sie entspannt sind, kann man die Federn leicht herausrupfen. Da alle Schlachtvögel in einem gemeinsamen Wasserbad gebrüht werden, kann es vorkommen, dass sich Bakterien und andere Verunreinigungen ausbreiten und auf andere Tiere übertragen. Trotzdem ist das Brühen zu empfehlen, insbesondere wenn Sie den Vogel während des Ausblutens nicht

Ein großer, temperaturgeregelter Brühkessel ist nützlich, wenn häufig viele Hühner geschlachtet werden.

Eine einfache Brühvorrichtung mit einem Topf und einem Brenner ist für die gelegentliche Geflügelverarbeitung ausreichend.

töten. Andernfalls kommen Sie mit dem Trockenrupfen vielleicht besser zurecht.

Jede Brühmethode sollte zwei Hauptziele erreichen: eine relativ gleichmäßige Wassertemperatur und die Möglichkeit, den zu brühenden Vogel 30 bis 45 Sekunden lang immer wieder unterzutauchen. Einfache Vorrichtungen sollten zumindest aus einer einfachen Wärmequelle und einem großen Suppentopf oder einem anderen Metallbehälter bestehen. Sie können die Temperatur mit einem Thermometer kontrollieren und das Tier von Hand eintauchen. Komplexe Vorrichtungen, die Sie teilweise selbst bauen können, sollten eine Temperaturregelung und ein mechanisches Eintauchen bieten. Wenn Sie für den Hausgebrauch schlachten, können Sie in eine mit Propangas beheizte Truthahnfritteuse investieren.

Die Brühkessel müssen groß genug sein für die Anzahl der gleichzeitig zu verarbeitenden Vögel und auch genügend Wasser enthalten, um diese zu bedecken und gleichzeitig die hohe Temperatur zu halten. (Wenn Sie mehr als 100 Hühner an einem Tag schlachten wollen, muss der Behälter nur groß genug sein, um die Hühner aufzunehmen, die gleichzeitig geschlachtet werden.) Auch wenn alle Vögel in den Behälter passen, kann dieser trotzdem zu klein sein, wenn noch Wasser hineingegossen wird, und das Brühen kann dadurch nicht zum gewünschten Ergebnis führen. Planen Sie mindestens mehrere Liter Wasser pro Vogel ein. Sie können einen separaten Behälter mit kochendem Wasser als Reserve bereithalten, falls die Temperatur im Brühbad zu stark abfällt oder Wasser beim Brühen ausgetauscht werden muss.

Vorbereitungen für das Rupfen

Hühner können auf zwei Arten gerupft werden: trocken oder nass. Trockenrupfen ist genau das, wonach es klingt: das Rupfen der Federn aus einem trockenen Vogel. Beim Nassrupfen wird der Vogel nach dem Brühen gerupft.

NASSRUPFEN

Das Nassrupfen kann von Hand oder mit der Maschine ausgeführt werden. Die gebräuchlichsten Maschinen sind Rupfmaschinen. Eine gute Rupfmaschine kann die Federn von mehreren Hühnern gleichzeitig in 15 bis 30 Sekunden rupfen.

Obwohl Sie mit ihnen schneller arbeiten können, haben Nassrupfmaschinen auch Nachteile. So treten sicherlich mehr Knochenbrüche in den Flügeln und Beinen von maschinell gerupften Vögeln auf, obwohl Knochenbrüche nur bei fünf Prozent (oder weniger) festzustellen sind. Vögel mit gebrochenen Knochen können immer noch bedenkenlos gegessen werden, allerdings beeinträchtigen die Brüche das Aussehen des Schlachtkörpers und den Wert des Vogels als verkaufsfähiges Produkt. Ein weiterer Nachteil ist, laut einer Studie der Universität von Arkansas, dass das Fleisch von maschinell gerupften Hühnern zweieinhalbmal zäher ist als das Fleisch von handgerupften Vögeln. Dennoch wird die große Mehrheit der Hühner in den Vereinigten Staaten in Rupfmaschinen nass gerupft, um Effizienz und Effektivität zu steigern.

Täuschend einfach im Aussehen, verwandeln Rupfmaschinen einen gefiederten Vogel schnell in einen sauberen Schlachtkörper.

Das Rupfen von Hand (nass oder trocken) ist zwar effektiv, aber Sie können dabei immer nur einen Vogel auf einmal rupfen. Das funktioniert, wenn Sie nur wenige Vögel verarbeiten oder Hilfe haben, andernfalls sollten Sie sich Ihre eigene Rupfmaschine bauen oder eine fertige kaufen.

TROCKENRUPFEN

Das Trockenrupfen kann entweder von Hand erfolgen oder mit einer Trockenrupfmaschine mit Zentrifuge, die speziell für Wildvögel geeignet ist. Wenn Sie eine der folgenden Handrupfmethoden anwenden wollen – trocken oder nass –, ist es hilfreich, die Möglichkeit zu haben, den Vogel zu fixieren. Sie können etwas so Einfaches wie einen umfunktionierten Kleiderbügel oder einen gebogenen Draht verwenden, um die Füße des Vogels zu befestigen, oder Sie befestigen die Füße an einem Tisch. Ist der Vogel fixiert, können Sie mit beiden Händen arbeiten, um die Federn herauszuziehen. Eine Plane oder ein Eimer unter oder neben dem Vogel zum Auffangen der Federn ist hilfreich, ebenso wie eine Wanne mit Wasser, damit Sie Ihre Hände zwischendurch eintauchen können, um sie von den Federn zu reinigen. Für das Nass- oder Trockenrupfen können Sie eine Propangasflamme bereithalten, um eventuell Haare am Schlachtkörper, die nach dem Rupfen zurückbleiben, abzusengen.

Vorbereitungen für das doppelte Tauchen

Nach dem Rupfen kann es nicht schaden, den Schlachtkörper zügig zwei Mal abzuspülen, bevor Sie sich an den sauberen Teil der Verarbeitung machen, ans Ausnehmen und Kühlen. Stellen Sie zwei große Behälter mit Eiswasser zwischen den schmutzigen und sauberen Bereichen Ihres Schlachtplatzes. (30- bis 40-Liter-Behälter eignen sich für die Verarbeitung kleinerer Mengen, für die Verarbeitung größerer Mengen sind lebensmittelechte Behälter von etwa 70 Liter ideal.) Beschriften Sie einen Behälter mit „Schritt 1“ und den anderen mit „Schritt 2“. Die gerupften Vögel werfen Sie in den „Schritt 1“-Behälter und lassen sie dort eine Minute liegen. Anschließend kommen sie vor dem Ausnehmen für eine weitere Minute in den mit „Schritt 2“ markierten Behälter. So ist es einfacher, eine hygienische Trennung zwischen den beiden Verarbeitungsbereichen zu gewährleisten. In Aufbauten, in denen der schmutzige und saubere Teil der Verarbeitung gleichzeitig vorgenommen wird, kann der „Schritt 2“-Behälter auch als Zwischenlager für Vögel dienen, falls der „schmutzige Teil“ schneller Karkassen liefert, als der „saubere Teil“ die Vögel verarbeiten kann.

Vorbereitungen für das Ausnehmen

Halten Sie Ihren Arbeitsbereich während des Ausnehmens auf jeden Fall sauber. Dazu benötigen Sie eine leicht zu reinigende Arbeitsfläche, kaltes Trinkwasser und ein paar Behälter. Die Arbeitsfläche sollte stabil und groß genug sein, damit alle Personen, die gleichzeitig dort arbeiten, genug Platz haben. Ein klappbarer Plastiktisch oder eine emaillierte Spüle auf Sägeböcken sind okay, ein Tisch aus rostfreiem Stahl ist jedoch ideal. Für das Ausnehmen von Geflügel werden spezielle Tische mit Löchern in der Tischplatte angeboten, sodass Sie die ungenießbaren Teile direkt in einem Behälter darunter entsorgen können. Mit einem Schlauch oder einem Wasserhahn mit Sprühkopf lässt sich der Vogel außen und innen gut säubern.

Kühlen des Schlachtkörpers

Sie müssen jeden Schlachtkörper sofort kühlen, um das mikrobakterielle Wachstum zu begrenzen und so das Verderben und den Verlust des Produkts zu verhindern. Sie benötigen ein Fleischthermometer, um die innere Temperatur zu prüfen, bevor Sie weiterarbeiten. Die Solltemperatur für den Schlachtkörper liegt bei 2 bis 4 Grad und die Hühner brauchen 1 bis 4 Stunden, bis sie diese Temperatur erreichen.

SCHNELLES ABSPÜLEN

Bevor Sie sich zum Schluss an den Kühlprozess machen, spülen Sie den Schlachtkörper ab, um Oberflächenverunreinigungen zu reduzieren. Sie können dazu den Schlachtkörper für einige Sekunden in einen großen Behälter mit Eiswasser tauchen und ihn dann in den Kühlbehälter geben.

ENDKÜHLUNG

Es gibt viele industrielle Lösungen, um Hühnerkarkassen zu kühlen, aber die Verwendung von eiskaltem Wasser ist die häufigste Methode für kleine private und landwirtschaftliche Schlachtungen. Mit kaltem Wasser und Eis gefüllte Kühl- oder Isolierbehälter sollten groß genug sein, um die gesamte verarbeitete Tagesmenge unterzubringen und dabei eine Temperatur zwischen 0 und 2 Grad zu halten. Gewürfeltes Eis funktioniert am besten, aber auch tiefgefrorene Wasserflaschen sind praktisch. (500 Gramm Eis pro Kilo Fleisch sorgen für eine angemessene Kühlung des Schlachtkörpers.) Halten Sie ein Thermometer bereit oder lassen Sie es im Wasserbad schwimmen, um Temperaturschwankungen zu kontrollieren. Halten Sie einen zusätzlichen Kühlbehälter, ebenfalls mit Eiswasser gefüllt, für alle essbaren Organe bereit, die Sie entnehmen und aufbewahren wollen.

Wenn Sie größere Mengen schlachten, ist als technisch ausgereiftere Lösung die Verwendung von Molkereianlagen – Milchkühler mit Tanks aus rostfreiem Stahl – zu empfehlen. Die Ausrüstung verhindert, dass das Wasser unter 0 Grad fällt, und eine Tauchpumpe am Boden wälzt das Wasser um und verhindert so das Gefrieren der untenliegenden Karkassen.

Vorbereitungen für die Reifung

Allen Schlachtkörpern tut eine Reifezeit sehr gut. Die jeweilige Reifedauer eines ganzen Huhns ist je nach Rasse, Größe und Alter unterschiedlich, aber ein guter Anhaltspunkt sind 12 bis 24 Stunden nach der Verarbeitung und vor dem Einfrieren oder Kochen. Lassen Sie während der Reifung die Schlachtkörper ganz, um die Länge der Muskelfasern zu erhalten und die Qualität zu steigern (im Vergleich zum Zerlegen und Reifen in Stücken). Kleine, jüngere Vögel profitieren von einer Reifung weniger als ältere Vögel (einschließlich Legehennen), denen eine längere Reifedauer von bis zu zwei Tagen gut tut. Nach der Abkühlphase folgen Sie den auf Seite 89 beschriebenen Methoden zur Reifung.

VORBEREITUNGEN FÜR DAS VERPACKEN

Wenn Sie am Schlachttag ganze Vögel verpacken, sollten Sie sich eine Methode überlegen, die es Ihnen ermöglicht, die Schlachtkörper vor der Reifung zu verpacken. In Kapitel 6 werden Verpackungsmaterialien und -methoden vorgestellt.

Lesen Sie also unbedingt dieses Kapitel, bevor Sie die Vögel verpacken. Trockene Vögel lagern besser. Bei einem Trockengestell können Sie mehrere Vögel umgedreht einsetzen, um sie vor dem Verpacken zu trocknen. Sie können einfache Gestelle aus PVC-Rohr oder anderen Materialien bauen, die desinfiziert werden können. Wenn möglich, lassen Sie die Verpackungsbeutel während der Reifung offen. So kann Feuchtigkeit besser verdunsten, bevor Sie die Beutel fest verschließen.

Wählen Sie für den Verpackungsprozess eine leicht zu desinfizierende, stabile Oberfläche, die nass werden kann. Stellen Sie sicher, dass sie groß genug ist, um alle Werkzeuge und Behälter unterzubringen, damit Sie Gegenstände nicht auf den Boden stellen müssen und eine Verunreinigung riskieren. Verpacken Sie die Vögel in der Nähe des Lagerortes, vor allem wenn Sie große Mengen verarbeiten. Das macht die Sache einfacher sowie schneller und verhindert, dass die Temperatur der Karkasse steigt.

Die richtige Schlachtkleidung

Mit Blick auf den beim Schlachten und Zerlegen anfallenden Dreck, im Vergleich zum typischen alltäglichen Schmutz, sagte ein Lehrmeister einmal zu mir: „Es gibt verschiedene Arten von Schmutz.“ Rechnen Sie damit, dass Ihre Kleidung stark mit Blut, Fäkalien, Fetten und allem anderen verschmutzt ist. Gummischürzen, ähnlich denen, die in Restaurants von Spülhilfen getragen werden, sind leicht zu reinigen und können online gekauft werden. Stoffschürzen funktionieren auch, allerdings werden Sie die Flecken nicht herausbekommen. Krempeln Sie die Ärmel bis zu den Ellbogen hoch, um zu vermeiden, dass Ihr Arm mit Verunreinigungen in Kontakt kommt. Tragen Sie rutschfestes Schuhwerk, wenn Sie auf Kacheln oder anderen glatten Oberflächen arbeiten.

Nitril- oder Latexhandschuhe sind aus mehreren Gründen hilfreich: Sie wollen nicht immer mit bloßen Händen arbeiten, außerdem hilft die klebrige Oberfläche beim Rupfen von Geflügel mit der Hand. Schnitte und Wunden kommen immer wieder vor, und wenn Sie Ihre Hände bedecken, können Sie Verunreinigungen vermeiden.

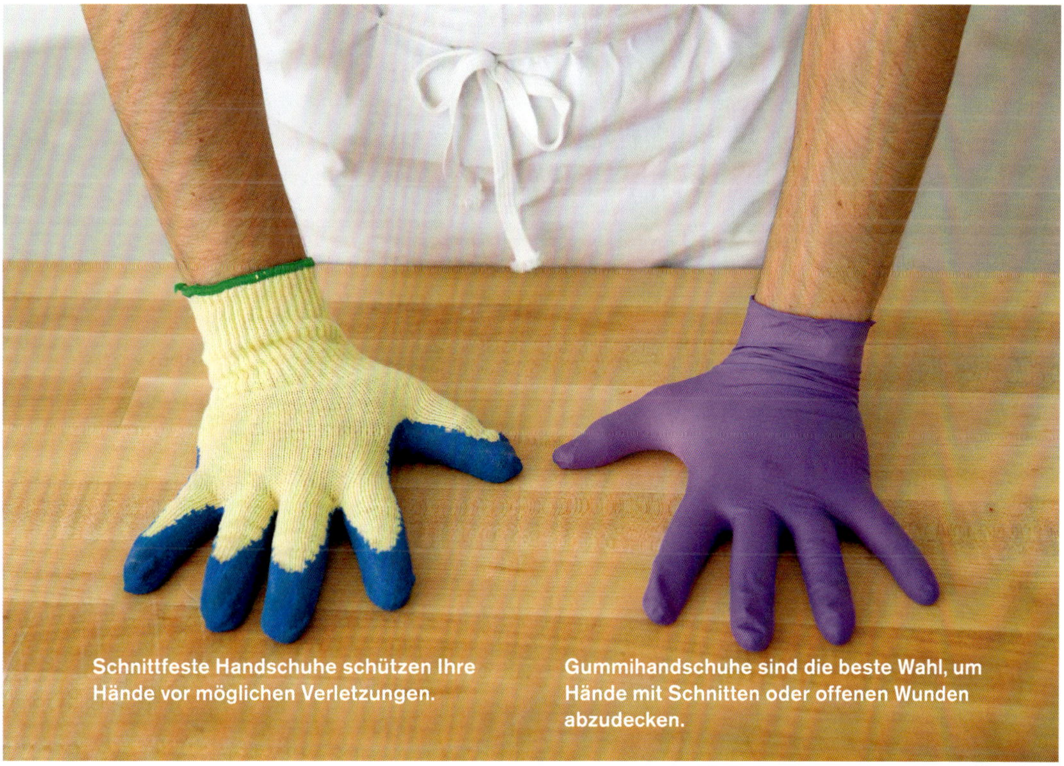

Schnittfeste Handschuhe schützen Ihre Hände vor möglichen Verletzungen.

Gummihandschuhe sind die beste Wahl, um Hände mit Schnitten oder offenen Wunden abzudecken.

SCHLACHTPLATZ UND UTENSILIEN

Um ein Huhn zu schlachten, brauchen Sie nur ein Werkzeug: ein scharfes 12 bis 15 Zentimeter langes Ausbeinmesser. Eventuell benötigen Sie je nach Vorliebe und Vorhaben weitere Utensilien. Mit einer Schere können Sie Rippen durchschneiden und den Rücken abtrennen. Ein Hackmesser erleichtert das Zerlegen des Schlachtkörpers für die Zubereitung von Brühen oder das Trennen von Flügeln und Beinen am Gelenk. Die folgende Liste führt alles Notwendige und Optionale auf. Vergessen Sie nicht, einen Vorrat an sauberen Stoffhandtüchern (vermeiden Sie Stoffe, die schnell ausfransen, wie Frottee) sowie ein Desinfektionsmittel zum Sprühen bereitzulegen.

Zusätzlich zur Auswahl der Geräte zum Schneiden und Durchtrennen sind weitere Tischwerkzeuge hilfreich, wenn Sie Fleisch schneiden wollen. Auf jeden der folgenden Gegenstände kann ich beim Verarbeiten nicht verzichten, und ich vermute, dass es Ihnen ähnlich gehen wird.

BENÖTIGTE AUSSTATTUNG

- Behälter und Kisten
- Ausbeinmesser
- Wetzstab/Messerstahl

ZUSÄTZLICHE AUSSTATTUNG

- Kochmesser
- Hackmesser
- Schere
- Metzgergarn

Schaber

Ihre Arbeitsfläche wird unweigerlich mit Fettresten, Fleischresten, Knochen, Knochenstaub und anderen Schlachtrückständen übersät sein. Ein sauberer Arbeitsplatz gehört zum gewissenhaften Zerlegen von Fleisch dazu. Die regelmäßige Verwendung eines Schabers während der Arbeit ist die beste Möglichkeit, um die Oberfläche von solchen Rückständen zu befreien. Dieses Werkzeug funktioniert bei großen Metzgerblöcken oder kleinen Schneidebrettern gleichermaßen gut. Nehmen Sie einen Schaber aus Metall mit einem angenehmen Griff, der sich leicht desinfizieren lässt.

Metzgergarn

Metzger- oder Küchengarn lässt sich für vieles verwenden. Es ist immer gut, einen Vorrat zu haben, und zwar nicht nur zum Zusammenbinden von Hühnern. Küchengarn gibt es in verschiedenen Stärken. Am besten nehmen Sie ein Garn mit hoher Reißfestigkeit. Je fester verzwirnt, desto besser. Außerdem sollte es lebensmittelecht sein.

Schneidebretter/ Oberflächenmaterial

Es gibt zwei Hauptanforderungen an eine gute Arbeitsfläche: Sie sollte leicht zu desinfizieren sein und die Messerschneide nicht beschädigen. Die beiden Optionen sind Holz oder Kunststoff (Polyethylen). Während die Industrie zu Kunststoff neigt, ist Holz meine erste Wahl, und zwar aus mehreren Gründen.

Holz ist ein selbstheilendes Material. Flache Schnitte und Rillen gleicht es von selbst wieder aus, indem es sich ausdehnt und den Raum wieder ausfüllt, sodass weniger Ritzen für Bakterien bleiben, die sich vermehren können. Trockenes Holz hat aufgrund der Kapillarwirkung seiner Fasern natürliche antimikrobielle Eigenschaften. So werden Oberflächenbakterien absorbiert und abgetötet. Kunststoff hingegen kann leicht von Messern und Sägen irreparabel beschädigt werden. Ständiger Gebrauch hinterlässt tiefe Rillen, die nur schwer zu desinfizieren sind, selbst wenn sie eingeweicht werden. Holz ist zudem reparabel: Sie können die Oberfläche immer wieder abschleifen (bis sie zu dünn ist, um darauf zu arbeiten). Beschädigten Kunststoff müssen Sie wegwerfen und ersetzen. Zwar können beide Materialien mit denselben Lösungen desinfiziert werden (siehe Seite 49), doch die Wirksamkeit der Desinfektion von Kunststoff hängt weitgehend von den Folgen früherer Nutzung ab.

HOLZARTEN UND -SCHNITTE

Die Holzarten, die sich für Metzgerblöcke eignen, sind meist messerschonender als Kunststoff. Je weicher das Holz, desto besser ist es für Ihr Messer (nachteilig ist allerdings eine kürzere Lebensdauer des Blocks durch eine stärkere Abnutzung). Ein ausgewogenes Verhältnis zwischen Weichheit und Haltbarkeit macht Ahorn zu einem der beliebtesten Materialien für Metzgerblöcke.

Holzbretter werden in drei verschiedenen Schnitten hergestellt: Hirnholz, Längsmaserung und Blume. Hirnholz ist hochkant stehendes Holz, Holz in Längsmaserung ist, wie der Name schon sagt, in der Länge gemasert und die Blume bezeichnet die Maserung von tangential geschnittenem Holz.

HIRNHOLZ ist ideal, um das Messer zu schonen, denn die Fasern des Holzes verlaufen senkrecht, sodass die Messerschneide zwischen den Fasern eintritt. Unter den drei Schnittarten ist es die stärkste, verschleißfesteste und langlebigste, passenderweise auch die teuerste.

Eine **LÄNGSMASERUNG** ist die zweitbeste Wahl. Holz mit Längsmaserung ist mittelmäßig haltbar, und obwohl die Fasern waagerecht verlaufen, sind sie senkrecht aufeinandergesetzt und gut für Messer geeignet.

Die **BLUME** eignet sich nicht für Metzgerarbeiten, da die Haltbarkeit dieses Holzschnitts gering ist. Dies ist die billigste Wahl, und zwar aus gutem Grund: Es muss regelmäßig ersetzt werden.

Tragbare Schneidebretter sind für das Schlachten von Geflügel am besten geeignet. Wählen Sie ein möglichst großes Brett. Es muss in Ihren Arbeitsplatz passen und sich leicht bewegen und reinigen lassen. Sie können mehrere Bretter zu einer mobilen Tischplatte kombinieren, die leicht zu reinigen ist. Hirnholzplatten sollten mindestens 6 bis 6,5 Zentimeter und Bretter mit Längsmaserung 3,5 bis 4 Zentimeter dick sein. Je dicker, desto länger halten sie und desto weniger verziehen sie sich. Vermeiden Sie Schneidebretter mit einer äußeren Saftrille, denn durch die Rille können Sie schlecht etwas abschaben und es sammelt sich Schmutz an. Eine Ausnahme ist hier die Verarbeitung von Geflügel auf einem Schneidebrett, das wiederum auf einer separaten Schneidefläche liegt. In diesem Fall verhindern die Rillen, dass andere Oberflächen sich durch die Geflügelsäfte gegenseitig verunreinigen. Stabilisieren Sie das Brett, indem Sie ein feuchtes Handtuch unterlegen.

Sprühflasche

Halten Sie eine hochwertige Sprühflasche mit Desinfektionslösung bereit, um eine häufige Reinigung von Oberflächen und Werkzeugen vorzunehmen. (Für Empfehlungen zu Desinfektionslösungen siehe Seite 68.)

Handtücher

Handtücher sind bei der Verarbeitung unerlässlich. Stoffhandtücher sind ideal, da sie langlebig und wiederverwendbar sind. Wählen Sie einen natürlichen Stoff wie Baumwolle, der nicht faserig ist (kein Frottee). Legen Sie einen Stapel bereit, damit Sie einige saubere Handtücher zum Händetrocknen und Desinfizieren von Werkzeugen oder Oberflächen immer griffbereit haben, und zusätzlich einige, die schmutzig werden können, z. B. für das gelegentliche Reinigen von Oberflächen.

Küchenwaage

Eine Küchenwaage ist ein unverzichtbarer Bestandteil bei der Fleischverarbeitung, verbessert sie doch das Ergebnis vieler Aufgaben: Sie können tiefgekühlte Fleischpackungen mit einer Gewichtsangabe beschriften, Sie können portionierte Zuschnitte wiegen, um noch genauer zu arbeiten, und Sie können Rezepte, bei denen Verhältnisse und Gewichte angegeben sind, noch präziser umsetzen. Verwenden Sie eine Digitalwaage, die mit metrischem System (Gramm) arbeitet. Sie sollte mindestens 2,5 Kilogramm wiegen können (idealerweise noch mehr, um ganze Geflügelkarkassen zu wiegen), batteriebetrieben und leicht zu tragen sein.

Schutzkleidung zum Schlachten

Die richtige Kleidung zum Schlachten hält Sie nicht nur sauber und schützt vor Verletzungen, sondern verbessert auch die Sicherheit des zerlegten Fleisches, da sie einer Kreuzkontamination vorbeugt.

Schürzen und Metzgermäntel

Metzgermäntel oder -kittel sind die wirksamsten Schutzkleider. Schürzen können über dem Mantel getragen und sollten gewechselt werden, sobald sie verschmutzt sind. Wählen Sie Kleidung, die eng anliegt, damit nicht zu viel überschüssiger Stoff vorhanden ist, der sich leicht in Maschinen verfängt oder mit Erde in Berührung kommt.

Schnittfeste Handschuhe

Das Tragen von schnittfesten Handschuhen an Ihrer Nicht-Messerhand kann kleinere Schnittverletzungen vermeiden. Obwohl Sie sich auch mit Handschuhen schwer verletzen können, verringern diese die Verletzungsgefahr. Handschuhe können besonders dann hilfreich sein, wenn Sie mit dem Schlachten beginnen und sich mit dem Verhältnis von Klingenlänge zur Positionierung der Nicht-Messerhand vertraut machen müssen. Sie sollten Ihre Handschuhe wechseln, wenn sie stark verschmutzt sind.

Gummihandschuhe

Halten Sie immer eine Schachtel mit Nitril- (oder Latex-)handschuhen bereit. Wenn Ihre Hände kleine Schürf- oder andere offene Wunden haben, sollten Sie Handschuhe tragen, um eine Kontamination zu vermeiden. Außerdem reduziert das Tragen von Handschuhen mit Nitril oder Latex an der Außenseite die Notwendigkeit, die Schutzhandschuhe bei Verschmutzungen zu wechseln. Wählen Sie eine Größe, die gut sitzt, aber etwas Spielraum für das natürliche Anschwellen der Hände während der Arbeit lässt. Handschuhe sollten am Handgelenk nicht zu eng sitzen oder einem das Gefühl geben, als würde die Blutzufuhr zu den Händen eingeschränkt.

Schutzschürzen

Schnelle Bewegungen und scharfe Klingen bergen ein hohes Verletzungsrisiko. Einige Verletzungen sind leichte Kratzer oder oberflächliche Schnitte, während andere schwere Risse im Bauchraum sein können. Man weiß es nie, bis es passiert ist. Ein Ausrutscher gegen den Bauch, wenn Sie durch den Knorpel schneiden, kann dazu führen, dass Sie quasi Ihre eigenen Eingeweide ausnehmen. Aus diesem Grund empfehle ich Ihnen dringend, eine Schutzschürze zu tragen, um Ihre lebenswichtigen Organe zu schützen, vor allem, wenn Sie regelmäßig oder in großer Menge Vögel verarbeiten. Es gibt drei gute Möglichkeiten, den Unterleib zu schützen, und zwar allesamt in Form von Schürzen.

KETTENHEMD: Ein Kettenhemd – oder eine Schürze aus Metallgeflecht – bietet den besten Schutz. Ich schlachte nie ohne. Obwohl es schwer ist (1,5 bis 3 Kilogramm, je nach Länge) und teuer sein kann, ist es den Preis wert und schützt. Bei Verwendung eines Kettenhemdes sollten Sie zwei Stoffschürzen tragen, eine darunter und eine darüber, um die Abnutzung der Kleidung durch das Metallgeflecht zu verhindern.

SCHNITTFESTER STOFF: Schnittfeste Handschuhe sind aus dem gleichen Material wie schnittfeste Schürzen. Derartige Schürzen sind leichter als

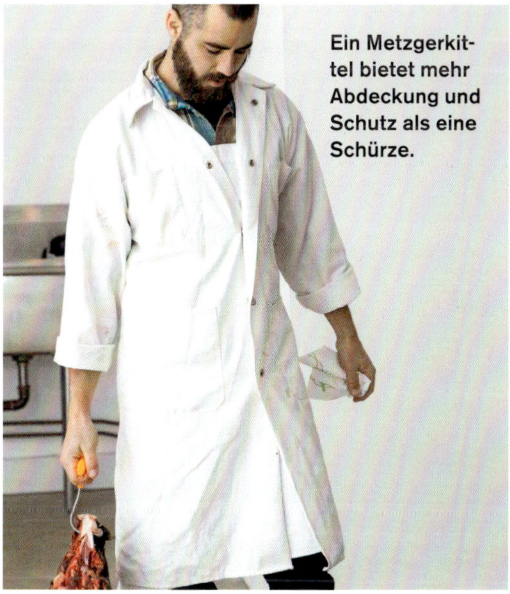

Ein Metzgerkittel bietet mehr Abdeckung und Schutz als eine Schürze.

Eine Kettenhemdschürze, hier unter meiner Schürze, ist eine gute Wahl, um lebenswichtige Organe vor Verletzungen zu schützen.

Kettenhemden und bieten einen mäßigen Schutz. Sowohl schnittfeste Schürzen als auch Kettenhemd bedecken den gesamten Mittelteil des Körpers und die Oberschenkel, ohne die Bewegung einzuschränken.

KUNSTSTOFF: Bauchschützer aus Kunststoff umschließen den Bauchraum, bieten aber keinen Schutz für die Oberschenkel. Außerdem hemmen sie Ihre Bewegung.

Zusätzliche Ausrüstung zum Schlachten

Je besser Sie als Hobby-Metzger werden, desto eher werden Sie feststellen, dass Sie spezielle Geräte benötigen. Jede der folgenden Gerätschaften erfüllt eine bestimmte Funktion und ist unerlässlich, wenn Sie Fleisch im Fleischwolf verarbeiten oder Würste herstellen wollen.

Fleischwolf

Hackfleisch ist ein übliches Nebenprodukt bei der Schlachtung ganzer Tiere und eine der effektivsten Möglichkeiten, um den Schlachtkörper maximal zu verwerten, indem ungenießbare Teile in Pasteten, Würste oder andere Produkte mit Mehrwert verwandelt werden. Fleischwölfe gibt es in allen Ausführungen, von Modellen mit Handkurbel über Küchenmixer bis hin zu leistungsstarken Maschinen.

HANDFLEISCHWÖLFE sind eine echte Herausforderung, wenn Sie große Mengen Fleisch verarbeiten. Sie sind eher für den Hobbymetzger gedacht.

FLEISCHWOLF-AUFSÄTZE für Küchengeräte sind ideal, um mehrere Kilogramm Fleisch auf einmal zu zerkleinern, obwohl ihre geringe Kapazität eine häufige Reinigung erforderlich macht, damit sie störungsfrei arbeiten. Für Besitzer eines KitchenAid-Mixers (oder die, die einen kaufen wollen) kann dies eine gute Wahl sein. Mixer sind Arbeitstiere, besonders für die Wurstherstellung und andere wertschöpfende Zubereitungen.

ELEKTRISCHE FLEISCHWÖLFE sind nur für das Zerkleinern von Fleisch gebaut und die beste Wahl zum reinen Wolfen. Es gibt Modelle für den Hausgebrauch mit geringer Leistung, aber auch gewerbliche Maschinen mit integriertem Rührwerk und anderen Funktionen.

Ein Fleischwolf sollte austauschbare Lochscheiben besitzen, um die Größe des Mahlgrads einzustellen. Die beweglichen Teile sollten aus einem haltbaren Material bestehen und sich zum Reinigen leicht auseinandernehmen lassen. Ein Metallgehäuse ist ideal, nicht nur wegen der Haltbarkeit, sondern auch, weil ein gekühlter Fleischwolf aus Metall länger kühl bleibt als ein Modell aus einem anderen Material. Damit beugen Sie Fettverschmierungen und schlechten Ergebnissen vor. Schutzvorrichtungen verhindern, dass Kleidung oder Hände sich in der Förderschnecke verfangen.

Fleischklopfer

Ein Schlägel, ob aus Holz oder Metall, sollte ein gutes Gewicht haben und kopflastig sein. Sie können Koteletts und Medaillons mit der Kante des

Wenn Sie Fleisch zu Hause wolfen möchten, haben Sie die Wahl zwischen einem Fleischwolfaufsatz (rechts) oder einem speziellen Fleischwolf (Mitte). Ein einfacher Wurstfüller (links) ist eine weitere Ergänzung für den heimischen Metzgertisch.

Hackmessers flachklopfen, doch mit einem Fleischklopfer geht es einfacher und sauberer. Einige Modelle haben zwei Seiten: eine flache und eine strukturierte, die letztere zum Zartmachen und die erstere zum Flachklopfen. Wählen Sie einen Fleischklopfer, der gut in der Hand liegt und einen Kopf mit großer Oberfläche hat, sodass die Schläge nicht genau sein müssen, um gute Ergebnisse zu erzielen.

Sie können sogar einen Hammer mit Hackbeil verwenden, indem Sie mit dem Rücken des Hackmessers schlagen, um ein ungenaues Schwingen zu vermeiden. Verwenden Sie hier am besten einen Holz- oder Gummihammer.

Fleischbehälter

Für die Hausschlachtung benötigen Sie mehrere Behälter, um alles, von Eingeweiden bis hin zu ungenießbaren Teilen, aufzubewahren. Sie können zwar jeden beliebigen Kunststoff- oder Metallbehälter verwenden, aber spezielle Fleischbehälter haben deutliche Vorteile: Sie sind aus strapazierfähigem und schmutzabweisendem Kunststoff, der sich nicht verzieht und auch bei extremen Temperaturen keine Risse bildet. Zusätzliche Deckel ermöglichen das Stapeln und zudem lassen sich die Behälter gut desinfizieren und reinigen. Es gibt sie in verschiedenen Größen, je nach zu verarbeitender Fleischmenge. Kaufen Sie das größtmögliche Modell, das für Ihre Verarbeitung geeignet ist.

Wurstfüller

Eine Wurstfüllmaschine ist nur notwendig, wenn Sie Wurst im Darm selbst herstellen (nicht nur Patties) oder Hackfleisch zügig in Beutel füllen wollen. Handbetriebene Wurstfüller sind zwar etwas aufwendiger in der Handhabung, haben aber den Vorteil, dass die Wurstmasse während des Füllvorgangs nicht erhitzt wird, was Textur und Qualität des Produkts zugutekommt. Wählen Sie einen Wurstfüller mit einem Fassungsvermögen von 2,5 bis 7,5 Kilogramm, der zudem austauschbare Rohre für unterschiedlich große Därme hat.

2

Überlegungen zur Lebensmittelsicherheit

Sauberkeit bei der Verarbeitung ist das A und O. Mehr als die Hälfte aller lebensmittelbedingten Krankheiten in den Vereinigten Staaten entstehen durch Verunreinigungen innerhalb des Haushalts. Daher sollten Sie alle Maßnahmen ergreifen, um eine Verunreinigung zu Hause und am Arbeitsplatz zu verhindern. Bildung und Bewusstsein sind der Schlüssel zur Lebensmittelsicherheit, und Sie müssen alles dafür tun, dass Verunreinigungen erst gar nicht auftreten.

Das Kontaminationsrisiko verringern

Der Grundgedanke zur Lebensmittelsicherheit, den Sie verinnerlichen müssen, ist, dass *alle* Lebensmittel ohne Ausnahme verunreinigt sind. Kein Lebensmittel ist von Natur aus steril. Ganz gleich, was wir auch tun, alles, was wir essen, ist voll von Mikroben. Allerdings sind die meisten dieser Mikroben für uns nicht schädlich, und diejenigen, die schädlich sind, sind vielleicht nicht verbreitet genug, um die durchschnittliche Immunabwehr zu durchbrechen. Bei der Verarbeitung von Tieren zum Verzehr müssen Sie alles tun, um die Kontamination zu verringern. Die wirksamste Maßnahme, die Sie ergreifen können, ist gleichzeitig die einfachste: Waschen Sie Ihre Hände. Wir werden das noch genauer betrachten, doch auch wenn Sie nichts anderes tun, um eine Kontamination zu verhindern (obwohl Sie auch andere Maßnahmen ergreifen sollten), waschen Sie auf jeden Fall Ihre Hände, und zwar regelmäßig und gründlich.

Ursachen für eine Kontamination

Die überwiegende Mehrheit der lebensmittelbedingten Erkrankungen ist auf Verunreinigungen durch Personen zurückzuführen, welche die Lebensmittel verarbeitet und angefasst haben. Es gibt viele Möglichkeiten, wie Lebensmittel gefährlich kontaminiert werden, aber die häufigste Ursache sind menschliche Fäkalien oder Körperflüssigkeiten. Schlechte Hygiene ist die Hauptschuldige bei der Verbreitung von Krankheitserregern in Lebensmitteln. Personen, die mit Lebensmitteln umgehen und sich nicht an strenge Hygienevorschriften halten, können weit verbreitete Infektionen weitergeben. Schon ein versehentliches Husten oder Niesen kann Millionen von Mikroben verbreiten. Bereits der Nieser einer Person, die in der Nähe eines Bottichs mit Hackfleisch arbeitet, kann Mikroben an jeden weitergeben, der diese Produkte anschließend verzehrt.

Auch Tierfäkalien sind eine mögliche Kontaminationsquelle, und der Schlachtprozess ist die häufigste Quelle für die Verunreinigung von Fleisch durch Tierfäkalien. Tiere mit Haut, wie Hühner, haben eine äußere Oberfläche, die mit Mikroben aus der Umgebung des Tieres bedeckt ist. Durch das Brühen und Rupfen entstehen Situationen, in denen verunreinigte Stoffe zwischen den Schlachtkörpern verteilt werden. Beim Ausnehmen wird der Schlachtkörper durchbohrt – das Innere war bis zu diesem Punkt hermetisch verschlossen – und so können Krankheitserreger von außen eindringen. Bei vielen Tierarten kann das Innere des Muskelgewebes als steril gesehen werden, doch das ist beim Huhn nicht der Fall. Potenziell gefährliche Bakterien wie Salmonellen finden sich in den Flüssigkeiten zwischen den Muskelfaserbündeln von Hühnern (siehe Seite 44), sodass Sie

> Die überwiegende Mehrheit der lebensmittelbedingten Erkrankungen ist auf Verunreinigungen durch Personen zurückzuführen, die die Lebensmittel verarbeitet und angefasst haben.

Obwohl dieses Hähnchen vor dem Braten Zimmertemperatur annehmen kann, schaffen Sie damit einen Nährboden für Krankheitserreger, wenn Sie es länger als vier Stunden der „Gefahrenzone" – zwischen 4 und 60 Grad – aussetzen.

nach der Schlachtung weitere Vorsichtsmaßnahmen treffen müssen. Außerdem sorgen wir in dem Moment, in dem wir einen Muskel anschneiden, für Oberflächenverunreinigungen. Das kann beim Schneiden, Zartmachen, bei der Temperaturkontrolle oder anderen Arten der Fleischbearbeitung passieren. Einfach ausgedrückt: Alles, was Sie tun, vergrößert die Verunreinigung der Lebensmittel. Es liegt an Ihnen, diesen Anstieg zu minimieren.

Voraussetzungen für Verunreinigungen

In den meisten Fällen müssen sich Krankheitserreger vermehren, um wirksam zu werden. Und damit sie sich vermehren können, müssen die richtigen Bedingungen herrschen. Nachdem wir durch die Nahrung Krankheitserreger aufgenommen haben, gibt es ein Zeitfenster, in dem diese sich in unserem Magen-Darm-Trakt vermehren und eine große Population aufbauen, die zu Symptomen einer Infektion führen. Dieser Zeitraum zwischen Einnahme und Infektion wird als Inkubationszeit bezeichnet, und die Dauer kann je nach Erreger sehr unterschiedlich sein. Bei einigen Bakterien beträgt die Inkubationszeit nur wenige Stunden. Bei Hepatitis, einem verbreiteten Virus in Lebensmitteln (siehe Seite 44), liegt die durchschnittliche Inkubationszeit hingegen bei 28 Tagen.

Viele Krankheitserreger sind an sich zwar einzigartig, vermehren sich aber meistens unter ähnlichen Bedingungen: warme Temperaturen, reichliche Nährstoffzufuhr und ein leicht saurer pH-Wert. Sowohl gekochte als auch rohe Lebensmittel bieten die richtigen Nährstoffe und einen akzeptablen pH-Wert, sodass die eigentliche Variable für das mikrobielle Wachstum bei Lebensmitteln die Temperatur ist. Der Temperaturbereich, in dem Krankheitserreger aktiv überleben, oft als „Gefahrenzone" bezeichnet, liegt zwischen 4 und 60 Grad. (Es ist wahrscheinlich kein Zufall, dass sich die meisten Krankheitserreger bei gleicher Temperatur wie unser Körper – 37 Grad – sehr schnell vermehren.) Veränderungen in der Population eines Erregers erfolgen erstaunlich schnell, wenn die richtigen Bedingungen herrschen.

Eine allgemeine Regel in der Lebensmittelbranche besagt, dass jedes tierische Eiweiß, das einer Temperatur der „Gefahrenzone" für bis zu vier Stunden ausgesetzt ist, für den Verzehr nicht mehr geeignet ist. Leider ist es selten so einfach. Es gibt noch andere Einflussfaktoren, doch je höher die Umgebungstemperatur ist, desto schneller wachsen die Mikroben. Vier Stunden können bei Temperaturen am unteren Ende der Gefahrenzone noch als sicher gelten, aber wenn ein leicht verderbliches Produkt vier Stunden einer Temperatur von 38 Grad ausgesetzt wird, ist eine Kontamination nicht mehr weit. Ein Beispiel hierfür sind Wurstwaren auf der Anrichte, während Sie im Winter zu Mittag essen. Das mag zu dieser Jahreszeit in Ordnung sein, aber lassen Sie die Wurst in einer heißen Sommerwoche einige Male liegen, dann können Sie sie wahrscheinlich direkt wegwerfen, statt sie noch den Kindern zu servieren.

Wenn Lebensmittel einmal kontaminiert sind, können sie nicht mehr unbedenklich verzehrt werden. Deshalb müssen Sie einer Kontamination frühzeitig vorbeugen, um nicht nur den Mikroben, die das Verderben verursachen, sondern auch der Vermehrung von Krankheitserregern Einhalt zu gebieten. Eine präventive Maßnahme ist die Aufbewahrung von Lebensmitteln bei einer Temperatur unter 4 Grad, der unteren Schwelle der Gefahrenzone, indem Sie sie kühl lagern oder einfrieren. Das Garen von Lebensmitteln bei einer Temperatur oberhalb der oberen Gefahrenzone ist eine weitere Möglichkeit, das Wachstum gefährlicher Mikroben zu verhindern, ein nicht unwichtiger Aspekt für Hühnerfleisch (siehe Tabelle auf Seite 53).

Krankheitserreger bei Geflügel

Es gibt drei Hauptarten von lebensmittelbedingten Krankheitserregern, die beim Schlachten von Hühnern zu beachten sind: Bakterien, Viren und Protisten. Jede Art kann in zwei Kategorien unterteilt werden, je nachdem, wie sie Menschen infizieren: invasiv und nichtinvasiv. Invasive Bakterien durchdringen die Wände des Darms und des Magens oder andere Teile des Verdauungstraktes, um eine Infektion zu ermöglichen, nichtinvasive Bakterien infizieren durch ausgeschiedene Toxine, wenn der Erreger in unserem Darm ist, oder durch Toxine, die in (oder auf) der Nahrung produziert werden, bevor wir sie verzehren.

Bakterien

Den Bakterien, welche die tödlichsten lebensmittelbedingten Krankheiten verursachen, gehören die Schlagzeilen. Die meisten Menschen haben schon von *Escherichia coli* (gemeinhin als E. coli bezeichnet) und Salmonellen-Infektionen gehört, die in einigen Fällen schon zu massiven Rückrufen von Putenfleisch, Eiern, Römersalat und sogar Erdnussbutter geführt haben.

VERDERBNISBAKTERIEN

Bakterien, durch die Lebensmittel verderben, können als „Übeltäter der Fäulnis" bezeichnet werden. Dabei sind eklige, ungenießbare Lebensmittel in Wirklichkeit oft das Werk einer gutartigen Gruppe von Bakterien. Der „Geruchstest" ist eine gute Methode, um ein durch Verderbnisbakterien verursachtes Verderben festzustellen. Der Verzehr der Bakterien und dadurch verdorbener Lebensmittel kann zwar Übelkeit hervorrufen, führt aber nicht zu längeren Krankheitszeiten. Dennoch sind die Bedingungen, welche die Entwicklung von Verderbnisbakterien fördern, identisch mit denen, die auch andere, bösartigere Bakterienstämme benötigen. Deshalb ist das Hauptproblem verdorbener Lebensmittel, dass zusätzlich zu den Verderbnisbakterien gefährliche Krankheitserreger auftreten.

INFEKTIÖSE BAKTERIEN

Bakterien, die Lebensmittel infizieren, sind entweder invasiv oder nichtinvasiv. Die beiden bekanntesten sind E. coli und Salmonellen, beide sind invasiv. Nachdem sie durch Nahrung in den Körper gelangen, durchdringen diese invasiven Bakterien die Wände unseres Verdauungssystems und richten Schäden an. Die meisten infektiösen Bakterien produzieren gefährliche Toxine, die Krankheiten oder Beschwerden verursachen. Angesichts der starken Verbreitung von Salmonellen in Hühnern müssen Sie besondere Maßnahmen ergreifen, um die Übertragung oder Aufnahme dieser gefährlichen Bakterien zu verhindern, und zwar durch Hygienemaßnahmen beim Schlachten und Kochen bei der richtigen Temperatur (siehe Seite 53).

GIFTIGE BAKTERIEN

Im Gegensatz zu infektiösen Bakterien haben giftige Bakterien bereits vor dem Verzehr die für Krankheit oder Unwohlsein verantwortlichen Giftstoffe produziert. Diese können manchmal einen sauren oder unangenehmen Geschmack hinterlassen, aber oft ist man sich dieser Bakterien erst bewusst, wenn es zu spät ist und sich die Symptome direkt nach dem Essen zeigen. In vielen Fällen werden die giftigen Bakterien beim Kochen zerstört. Zurück bleiben jedoch die von ihnen produzierten Toxine, und deren Einnahme führt unweigerlich zu einer krankhaften Reaktion. Deshalb sollten Sie alle Lebensmittel, bei denen Sie den Verdacht haben, dass sie vergiftet sind, direkt entsorgen.

Viren

Der häufigste durch Lebensmittel übertragene virale Erreger, verantwortlich für 58 Prozent aller lebensmittelbedingten Erkrankungen in den Vereinigten Staaten, ist das Norovirus, benannt nach Norwalk, Ohio, dem Ort eines Ausbruchs im Jahr 1968, der zu seiner Entdeckung führte. Rotavirus und Hepatitis sind zwei weitere Virusfamilien, die häufig zu lebensmittelbedingten Krankheiten führen. Sowohl das Norovirus als auch das Rotavirus haben ähnliche Symptome und verursachen Gastroenteritis, besser bekannt als „Magen-Darm-Grippe" oder „Bauchgrippe". Die Symptome – Erbrechen und Durchfall – sind ähnlich den Symptomen vieler anderer lebensmittelbedingter Krankheiten, was zu Fehldiagnosen führt.

ÜBERTRAGUNG

Viren werden hauptsächlich durch fäkal-orale Übertragung verbreitet, und zwar in den meisten Fällen von einer infizierten Person auf eine andere. In einem Lebensmittelbetrieb kann ein einzelner infizierter Mitarbeiter die Oberflächen und Lebensmittel während eines gesamten Arbeitstages kontaminieren, was zu einem Anstieg lokal begrenzter Fälle führt und einen größeren Ausbruch wahrscheinlich macht.

Eine andere Methode der Übertragung können kontaminierte öffentliche Gewässer (Pools, Teiche, Badehäuser) sein. Doch jeder Kontakt mit infizierten Personen, insbesondere solchen mit schlechter Hygiene, birgt das Risiko einer weiteren Übertragung.

Protisten

Die meisten Menschen kennen bestimmte Formen von Protisten wie Algen, Schimmelpilze, Pilze und Amöben. Diese einzelligen Organismen sind am häufigsten in Gewässern zu finden. In Flüssen, Wasserlöchern, Schwimmbädern und dergleichen wimmelt es nur so von Protisten, von denen die meisten keine Gefahr für die menschliche Gesundheit darstellen. Krankheitserregende Protisten hingegen stellen ein hohes Risiko für unser Wohlbefinden dar. Da die tödlichste Form, *Toxoplasma gondii*, über Katzen übertragen wird, müssen Hühnerhalter dringend darauf achten, eine Kontamination einzudämmen.

TOXOPLASMA GONDII

Es gibt eine Reihe von pathogenen lebensmittelbedingten Protisten, aber der tödlichste ist *T. gondii*. Patienten, die Anzeichen einer Toxoplasmose aufweisen (die durch den Parasiten verursachte Krankheit), werden oft falsch diagnostiziert, weil die Symptome denen einer Grippe ähneln und möglicherweise abgeklungen sind, bevor die Person einen Arzt aufsucht. Menschen mit geschwächtem oder schwachem Immunsystem – Säuglinge, Kinder, Schwangere und Menschen mit einer Immunsystemstörung – erkranken und sterben möglicherweise sogar an einer Toxoplasmose.

LEBENSZYKLUS VON PROTISTEN

Der Lebenszyklus von Protisten, einschließlich ihrer Vermehrung, hängt von einer fäkal-oralen Übertragung ab. Wasser, die am häufigsten kontaminierte Substanz, ermöglicht es den Parasiteneiern, Oozysten genannt, zu wandern und einen Wirt zu finden – das Tier, in dem der Parasit reifen und sich vermehren kann. *T. gondii* hat einen einzigen, endgültigen Wirt: die Katze, entweder Haus- oder Wildkatze. In der Katze reifen die Larven von *T. gondii* heran und produzieren weitere Oozysten, die dann über den Kot der Katzen verbreitet werden. Katzen infizieren sich mit dem Parasiten durch den Verzehr von Fleisch von Tieren, vor allem von Nagetieren, die mit Oozysten und larvenhaltigen Zysten infiziert sind. Da Katzenfäkalien der primäre Übertragungsweg sind, sind Katzenbesitzer und Tiere in landwirtschaftlichen Betrieben mit Katzen einem erhöhten Infektionsrisiko ausgesetzt. (Schon durch das Wechseln der Katzentoilette kann der Parasit sich verbreiten.) Dies ist für die Hühnerhaltung besonders besorgniserregend, da Hühner zum Picken und Fressen von Fäkalien neigen, was wiederum zu kontaminiertem Fleisch führen kann. Die Kontamination wird dann an alle weitergegeben, die dieses Fleisch verzehren.

DIE ÜBERTRAGUNG VERHINDERN

Hitze ist die wichtigste Methode zur Abtötung von Oozysten und Larven der Protisten. Zum Glück können die Oozysten von *T. gondii* bei angenehmen Kochtemperaturen zerstört werden. Sie finden eine Tabelle mit den Richtlinien für Kochtemperaturen zum Abtöten von Protisten auf Seite 53.

Die Ausbreitung von Erregern verhindern

Zu wissen, welche Krankheitserreger besorgniserregend sind, ist ein erster Schritt zur Verringerung der Ausbreitung lebensmittelbedingter Krankheiten, aber auch das Auswendiglernen wissenschaftlicher Namen und Symptome wird die Ausbreitung von Krankheitserregern nicht verhindern, wenn Sie nicht jedes Mal die entsprechenden Vorsichtsmaßnahmen treffen, sobald Sie mit Lebensmitteln hantieren und sie verarbeiten. Denken Sie daran, dass Lebensmittel meist nicht kontaminiert sind, bis sie mit Menschen in Kontakt kommen, und dass es Möglichkeiten gibt, die Kontamination einzugrenzen.

Persönliche Hygiene

Der erste und wichtigste Schritt, um die Verbreitung von Krankheitserregern zu verhindern, ist eine gute persönliche Hygiene. Fast alle der 31 bisher identifizierten lebensmittelbedingten Krankheitserreger werden auf fäkal-oralem Weg übertragen. Es mag sich abstoßend anhören, doch die Wahrheit ist, dass wir ständig Lebensmittel zu uns nehmen, die mit Spuren von Fäkalien, meist von anderen Menschen, verunreinigt sind. Sobald Sie diese Realität akzeptieren, werden Sie erkennen, dass die richtige Hygiene der Schlüssel zur Lebensmittel-Sicherheit ist.

REGELMÄSSIGES UND GRÜNDLICHES HÄNDEWASCHEN

Gute Hygiene beginnt mit sauberen Händen. Waschen Sie im Laufe des Tages regelmäßig Ihre Hände, wenn Sie Lebensmittel verarbeiten. Es mag überraschend klingen, aber viele Menschen wissen nicht, wie sie sich die Hände richtig waschen sollen. Ein schnelles Abspülen und ein paar Spritzer Seife reichen nicht aus. Lösungen auf Alkoholbasis und andere Handdesinfektionsmittel wirken zwar gegen Bakterien, aber ihre Wirksamkeit gegen Viren ist gering, daher sollten Sie sich nicht ausschließlich darauf verlassen.

Es gibt keine schnelle Lösung: Die richtige Waschtechnik zur Eindämmung der Verbreitung von Krankheitserregern erfordert Zeit und Aufmerksamkeit. So waschen Sie sich die Hände richtig:

1. Beginnen Sie mit heißem Wasser, nicht glühend heiß, sondern eher um die 43 Grad, oder so heiß wie möglich. In jedem Fall so, dass das Wasser gleichmäßig über die Hände läuft.

2. Verwenden Sie eine antibakterielle Seife. Diese sollte ohne umweltschädliche Inhaltsstoffe wie Triclosan auskommen. Verteilen Sie die Seife zwischen beiden Händen, sodass sich ein schöner Schaum bildet.

3. Schrubben Sie die Innen- und Außenflächen der Hände sowie entlang der Daumen, zwischen den Fingern und über die Handgelenke. Das sollte 15 bis 20 Sekunden dauern.

4. Verwenden Sie eine Nagelbürste, um die Stellen unter den Nägeln zu reinigen, insbesondere zu Beginn der Verarbeitung und nachdem Sie Verunreinigungen in höherer Konzentration, wie Mist, Haut und Verdauungsresten, ausgesetzt sind.

5. Spülen Sie die Hände gründlich mit heißem, sauberem Wasser ab.

6. Trocknen Sie die Hände mit einem sauberen Handtuch, entweder aus Papier oder Stoff.

Das Händewaschen muss *vor* der Verarbeitung von Lebensmitteln erfolgen, aber *nach* jeder der folgenden Situationen sollte ein gründliches Händewaschen unbedingt Pflicht sein:

- Wechsel zwischen Schlachtstation (schmutzig) und Ausnehm- und Verarbeitungsplatz (sauber)
- Verschmutzung der Hände (z. B. mit Mist, Darmflüssigkeiten, Urin, Schmutz, Haare)
- Umgang mit Abfall und Müll (z. B. ungenießbare Teile, Eingeweide, Häute)
- Toilettengang
- Schnäuzen, Niesen oder Husten in die Hand
- Umgang mit Chemikalien (z. B. Desinfektionsmittel, Reinigungsmittel)

Hände mit offenen Wunden sollten gründlich gereinigt, verbunden und mit Latex- oder Nitril-Handschuhen bedeckt werden. Personen, die Anzeichen einer Krankheit zeigen, sollten unter keinen Umständen mit der Verarbeitung von Lebensmitteln betraut werden. Die Gefahr einer Kontamination ist viel zu groß.

Denken Sie daran, dass Händewaschen im Allgemeinen keine Methode zur Abtötung von Krankheitserregern ist. Die Seife wirkt wie ein Tensid und löst Schmutz, Dreck und Keime von der Oberfläche Ihrer Hände. Nachdem Sie sie gründlich abgespült haben, wandern die Erreger in den Abfluss des Waschbeckens. Fuß- oder kniebetätigte Wasserhähne und automatische Seifenspender sind eine Alternative und hilfreich, um sicherzustellen, dass saubere Hände beim Waschen oder Spülen nicht erneut kontaminiert werden.

Ein idealer Handwaschplatz hat ein Waschbecken, das mit Fußpedalen statt mit den Händen bedient wird. Ein automatischer Seifenspender würde den Waschplatz komplett machen.

Das Händewaschen sollte mindestens 30 Sekunden dauern – viel länger, als die meisten Menschen üblicherweise ihre Hände schrubben. Das mag übertrieben klingen, ist es aber nicht. Strenge Hygienemaßnahmen verhindern, dass sich potenziell tödliche Krankheiten bei der Verarbeitung von Lebensmitteln ausbreiten.

Es reicht nicht aus, die Hände zu Beginn der Verarbeitung und dann während des

Arbeitstages kurz abzuspülen. Jedes Mal, wenn Sie sich die Hände waschen, sollten Sie das oben beschriebene Prozedere befolgen. Unfälle passieren, aber wenn eine gute Hygiene zum Standard wird, tun Sie etwas für die Herstellung sauberer Lebensmittel.

HYGIENEKLEIDUNG

Händewaschen ist sicherlich der wichtigste Schritt zu einer guten Hygiene, aber das reicht noch nicht. Alle Kleidungsstücke, die Sie bei der Verarbeitung von Lebensmitteln tragen, sollten zu Beginn hygienisch sauber sein und auch bleiben. Beim Schlachten ist eine Gummischürze empfehlenswert, die nach Verunreinigungen durch Kot, Blut oder andere Verschmutzungen immer wieder abgesprüht und gereinigt werden kann. Außerdem sollten Sie eine Schürze tragen. Halten Sie ein paar Exemplare bereit, die Sie im Laufe des Tages wechseln können. Sie sollten Kopfbedeckung oder Haarnetz tragen, um Ihre Haare zu bändigen. Die Ärmel sollten hochgekrempelt und ihre Kanten sauber bleiben. Handtücher aus Stoff müssen anfangs sauber sein und bei Verschmutzungen im Laufe des Tages ersetzt werden. Legen Sie Handtücher nur auf desinfizierten Oberflächen ab.

Hygiene am Arbeitsplatz: Werkzeuge und Oberflächen

Alle Werkzeuge sollten zu Beginn der Verarbeitung desinfiziert werden und sie sollten im Laufe des Tages immer wieder desinfiziert werden, wenn sie verschmutzt sind. Fallen Werkzeuge zu Boden, werden sie auf unhygienische Oberflächen gelegt oder beim Schlachten an verschiedenen Stationen benutzt, werden sie schmutzig. Werkzeuge, die die Oberfläche des Fleisches durchdringen, wie z. B. mechanische Zartmacher (z. B. Fleischwölfe), sind besonders anfällig für die Verbreitung von Krankheitserregern, weil sie Mikroben in das Innere des Fleisches bringen, das dann oftmals nicht bei den gleichen Temperaturen gegart wird wie die Außenseite.

DESINFEKTIONSMETHODEN

SCHNELLES EINTAUCHEN. In professionellen Verarbeitungsbetrieben kommt zum Desinfizieren häufig die Methode des schnellen Eintauchens zum Einsatz. Ein Bottich mit Wasser behält konstant eine Temperatur von 82 bis 88 Grad. Nachdem Sie das Werkzeug unter heißem Wasser mit Seife gründlich abgespült haben – Schmutz, Mist und dergleichen müssen zunächst entfernt werden –, tauchen Sie es kurz in das brühend heiße Wasser, sodass mögliche Krankheitserreger beim Kontakt mit dem heißen Wasser sofort abgetötet werden. Das schnelle Eintauchen ist eine ausgezeichnete Methode und kann leicht mit einem Topf mit Wasser auf einer Heizplatte oder, je nach Möglichkeiten des Geräts, mit einem auf hoher Stufe eingestellten Schongarer umgesetzt werden. Achten Sie darauf, dass das Wasser die richtige Temperatur hält, indem Sie diese regelmäßig mit einem zuverlässigen und genauen Thermometer prüfen.

DESINFEKTIONSLÖSUNG. Eine andere gute Methode ist das Abwaschen der Werkzeuge in einem Waschbecken mit Seife und das anschließende Eintauchen in eine Desinfektionslösung. Desinfektionslösungen können spezielle Mischungen von Chemikalien oder einfach eine Mischung aus Bleichmittel und Wasser sein. Viele chemische Desinfektionsmittel müssen einige Minuten einwirken. Lesen Sie unbedingt die Gebrauchsanweisung fertig gekaufter Produkte, um es richtig anzuwenden.

Bleichmittel und Wasser sind eine einfache und billige Lösung für die Desinfektion von Werkzeugen oder auch Oberflächen. Durch eine milde Mischung aus 1 Esslöffel Bleichmittel auf 3,5 bis 4 Liter Wasser können Sie jede Oberfläche reinigen, wenn das Mittel mindestens 2 Minuten einwirken kann.

Um Werkzeuge richtig zu desinfizieren, tauchen Sie sie 2 Minuten lang vollständig in die Lösung. Besprühen Sie die Oberflächen großzügig damit und lassen Sie das Mittel einwirken. Sie brauchen es anschließend nicht abzuspülen. Tatsächlich sollten Sie es auch nicht abspülen, da sonst die Gefahr besteht, dass die Oberfläche erneut kontaminiert wird. Wischen Sie Oberflächen mit einem sauberen Handtuch ab und lassen Sie sie gründlich trocknen, damit das Chlor in der Lösung verdunstet.

Viele andere Haushaltslösungen sind hilfreich zur Desinfektion von Oberflächen. Essig, Alkohol, Wasserstoffperoxid, Zitronensaft und Salz sind in den meisten hausgemachten Reinigungsmitteln enthalten. Im Allgemeinen beseitigen sie einige Bakterien (manche besser als andere), allerdings ist keines von ihnen besonders effektiv bei der Beseitigung von Viren, insbesondere des Noro-Virus, die häufigste Ursache für lebensmittelbedingte Krankheiten. Aus diesem Grund werden sie zur Desinfektion von Werkzeugen und Oberflächen zur Lebensmittelzubereitung nicht empfohlen.

Eine Ausnahme ist die aufeinanderfolgende Anwendung von Essig und Wasserstoffperoxid, um knapp 100 Prozent der Oberflächenkeime abzutöten. Verwenden Sie Essig mit fünf Prozent Essigsäure und eine dreiprozentige Wasserstoffperoxidlösung. Beides jeweils einige Sekunden einwirken lassen, bevor Sie die Oberfläche sauber abwischen.

Ein Schaber ist ein ideales Werkzeug, um die Schneidefläche während der Arbeit von Schmutz und Fett zu befreien.

Reinigen Sie Oberflächen während des Arbeitstages regelmäßig. Verwenden Sie vor dem Desinfizieren einen Schaber, um Fleischstücke, Rückstände und Fette zu entfernen, die sich beim Schlachten unweigerlich ansammeln. Reinigen Sie außerdem stark verschmutzte Oberflächen, die vor dem Desinfizieren relativ sauber sein sollten, mit Scheuerschwämmen und einem Tensid. Tauchen Sie kleine Schneidebretter darin ein, desinfizieren Sie große Schneideflächen, indem Sie eine großzügige Menge Reinigungslösung auf der gesamten Oberfläche verteilen und ausreichend lange einwirken lassen.

Die aufeinanderfolgende Anwendung von Essig und Wasserstoffperoxid tötet bei Kontakt nachweislich knapp 100 Prozent der Krankheitserreger auf der Oberfläche ab.

EINE KREUZKONTAMINATION VERHINDERN

Im Großen und Ganzen sind Krankheitserreger, mit denen wir beim Essen in Kontakt kommen, nicht dauerhaft auf Lebensmitteln angesiedelt: Sie bleiben dort nur so lange, bis sie einen menschlichen Wirt gefunden haben. Die Ansiedlung und das Aufsuchen eines neuen Wohnsitzes nennt man Kreuzkontamination, ein Prozess, bei dem eine Substanz durch eine andere, bereits infizierte Substanz verschmutzt wird. Ein Arzt desinfiziert ein Skalpell nicht, um es sauber zu halten, sondern um die Ansiedlung neuer Mikroorganismen zu verhindern. Wir machen das Gleiche mit unseren Werkzeugen und Oberflächen, wenn wir Fleisch verarbeiten, und sollten genauso vorgehen, wenn es um die Lagerung von Lebensmitteln geht.

Kreuzkontaminationen kommen ständig vor. So können Mikroorganismen in bessere Umgebungen wechseln, in denen sie sich nach Belieben vermehren können. Für manche von ihnen ist der Mensch die „grünere Weide", und die Mikroorganismen fallen über Türklinken, Toiletten, Geräte oder durch die bloße Nähe zu anderen Menschen dort ein. Wenn wir mit Lebensmitteln umgehen oder sie verarbeiten, müssen wir wegen der Kreuzkontamination besonders vorsichtig agieren.

Bestimmte Substanzen enthalten wahrscheinlich mehr von bestimmten Krankheitserregern als andere. Ein einfaches Beispiel ist das Huhn, das immer auf einer bestimmten Schneidefläche geschnitten werden sollte. Der Hauptgrund dafür ist, dass Hühnerfleisch ein hohes Risiko aufweist, eine der vielen Salmonellenstämme zu enthalten. Daher sollten wir unbedingt einer Kreuzkontamination vorbeugen, indem wir verschiedene Lebensmittel auf getrennten Flächen verarbeiten.

Hühnerfleisch mag ein offensichtliches Beispiel sein, aber in der Realität haben alle Lebensmittel ein ähnliches Kontaminationsrisiko. Fäkalien sind der Hauptverursacher und können über jede Oberfläche verbreitet werden. Aus diesem Grund müssen wir bei der Verarbeitung von Fleisch immer Sicherheitsmaßnahmen ergreifen. Gleiches gilt für wechselnde Standorte und Küchenarbeiten, egal ob es sich um das Schlachten von verschiedenen Tieren oder das Schneiden von Gemüse handelt.

Die Gefahr einer Kreuzkontamination besteht vor allem beim Schlachten, da hier das Kontaminationsrisiko am höchsten ist. Ein sauberer Übergang zwischen den „schmutzigen" und „sauberen" Bereichen – vor und nach dem Rupfen – trägt dazu bei, die Ausbreitung von Krankheitserregern zu verhindern. Beim Ausnehmen ist auf den sicheren Umgang mit den Eingeweiden zu achten, und sollten Eingeweide durchstochen werden, müssen Sie die Arbeit unterbrechen und erst alles desinfizieren, bevor Sie mit dem nächsten Schlachtkörper fortfahren. Der sorgfältige Ablauf dieser Verarbeitungsschritte ist die Grundlage für die Herstellung sicherer, nahrhafter Lebensmittel zu Hause.

Kühl lagern

Sichere Lebensmittel beginnen mit der richtigen Hygiene beim Schlachten und Zerlegen, aber die notwendigen Vorsichtsmaßnahmen enden hier nicht. Denken Sie daran, dass alle Lebensmittel in gewissem Maße kontaminiert sind. Die Abläufe für eine kühle Lagerung während jeder Phase – von der Schlachtung bis zum Verzehr – sind gleichermaßen wichtig.

Das einzige Ziel bei der Lagerung von Fleisch oder anderen verderblichen Produkten ist es, das Wachstum von Mikroben zu begrenzen. Dazu gehören Verderbnisbakterien sowie eine Vielzahl von Krankheitserregern, die sich bereits auf den Lebensmitteln befinden können, wenngleich auch in harmlosen Mengen. Die Krankheitserreger, denen kalte Temperaturen etwas anhaben können, sind Bakterien und parasitäre Würmer. Bakterien vermehren sich besonders gut bei Temperaturen über 4 Grad. Ihre Vermehrungsrate steigt mit der Temperatur, bis die Hitze hoch genug ist, um sie abzutöten, und das passiert normalerweise bei etwa 60 Grad. Dies ist die Grundlage der sogenannten Gefahrenzone: Verderbliche Lebensmittel, die über längere Zeit Temperaturen von 4 bis 60 Grad ausgesetzt sind, verderben und erhöhen das Risiko einer gefährlichen Infektion.

Kühlung

Kühlen und Gefrieren sind die gängigsten Methoden zur Lagerung verderblicher Lebensmittel. Die mäßig niedrige Temperatur von Kühlschränken stoppt nicht alle bakteriellen Aktivitäten, sie verlangsamt lediglich das Bakterienwachstum, um uns mehr Zeit für den Verzehr zu verschaffen. Wie Sie wahrscheinlich wissen, werden Lebensmittel im Kühlschrank auf jeden Fall verderben, wenn man sie lange genug dort aufbewahrt. Wenn Sie die Temperatur senken, wird die bakterielle Aktivität weiter verlangsamt, bis sie bei etwa -18 Grad zum Stillstand kommt, der Betriebstemperatur der meisten Gefrierschränke. Bei diesen niedrigen Temperaturen werden Lebensmittel zwar nicht durch Bakterien verderben, aber sie werden trotzdem ungenießbar. Die Bakterien sterben nicht ab, sondern werden konserviert, genau wie die Lebensmittel, und werden wieder aktiv, sobald die Temperaturen beim Auftauen und Kochen ansteigen.

TEMPERATUR

Besonders effektiv sind alle Bereiche eines Kühlschranks – obere Fächer, untere Fächer und Schubladen – vor allem dann, wenn sie unter 4 Grad gehalten werden. Viele Haushaltskühlschränke zeigen eine mittlere Temperatur von unter 4 Grad an, obwohl einige Bereiche in Wirklichkeit weit darüber liegen. Der einzige Weg, um sicherzustellen, dass ein Kühlschrank ausreichend kühlt, ist es, mehrere kleine Gläser mit Wasser in verschiedene Bereiche des Kühlschranks zu stellen und 24 Stunden zu warten, bis die Temperatur sich stabilisiert hat. Dann können Sie die Temperatur in jedem Glas mit einem digi-

Bakterien vermehren sich bei Temperaturen über 4 Grad (…), bis die Hitze hoch genug ist, um sie abzutöten.

talen Thermometer genau messen. Stellen Sie den Kühlschrank, falls nötig, neu ein, um sicherzustellen, dass die Gesamttemperatur sicher ist.

LEBENSMITTEL RICHTIG AUFBEWAHREN

Organisation ist ein wichtiges Instrument, um einige der klassischen Fälle einer Kreuzkontamination im Kühlschrank zu vermeiden. Offene Behälter mit Salat, die unter Paketen mit rohem Fisch oder anderem Fleisch liegen, Flüssigkeiten von auftauendem Fleisch, die in das Gemüsefach tropfen, Marinaden, die auf Oberflächen spritzen – dies sind Beispiele dafür, wie leicht sich Keime im Kühlschrank ausbreiten. Alle Fleischsorten sollten abgedeckt im unteren Fach gelagert werden. (Es gibt jedoch Situationen, in denen das Fleisch nicht abgedeckt und der Kühlluft ausgesetzt werden muss, z. B. wenn Sie die Haut eines ganzen Hähnchens vor dem Braten trocknen lassen möchten.) Wenn Sie gefrorenes Fleisch auftauen, legen Sie es in einen Behälter oder auf einen Teller, um die Flüssigkeit aufzufangen. Rohes Fleisch sollte niemals zusammen mit gekochten oder verzehrfertigen Produkten aufbewahrt werden.

Gefrierschränke

Gefrierschränke sind oft genauso ungenau wie Kühlschränke. Viele Modelle für den Hausgebrauch halten angeblich eine Temperatur von -18 Grad, obwohl diese in Wirklichkeit schwankt. Je niedriger Sie die Temperatur einstellen, desto besser können Sie den Inhalt auf einer sicheren Temperatur halten und gleichzeitig die Auswirkungen unvermeidbarer Schwankungen kontrollieren. Freistehende Gefrierschränke sind weitaus effektiver als solche, die in Kühlschränke integriert sind, obwohl sie mehr Platz brauchen und zusätzliche Kosten verursachen. (Mehr zum Thema Einfrieren siehe Kapitel 6.)

Krankheitserreger mit Hitze abtöten

Es ist gut zu wissen, dass die meisten lebensmittelbedingten Krankheitserreger, mit denen wir es zu tun haben, durch Hitze abgetötet werden können. Das bedeutet jedoch nicht, dass jedes gekochte Stück Fleisch bedenkenlos gegessen werden kann. Wenn Sie sich jedoch an die empfohlenen Richtlinien für Handhabung und Kochen halten, bleibt in den meisten Fällen die Wahrscheinlichkeit einer Infektion gering.

Ich habe bereits mehrfach erwähnt, dass das Innere der Geflügelmuskeln ein Risiko für eine Salmonellenkontamination birgt. (Dies ist ziemlich einmalig, und deshalb muss ich es wiederholen, da bei den meisten anderen Fleischsorten das Innere der Muskeln als steril angesehen wird, bis es durchstochen wird.) Geflügel birgt zudem ein hohes Risiko, Oozysten von *T. gondii* zu enthalten. Wegen dieser inneren Kontamination muss Geflügelfleisch auf eine ausreichend hohe Innentemperatur gegart werden, die die Erreger abtötet. Dies gilt unabhängig davon, welches Fleischstück Sie zubereiten. In der Tabelle auf Seite 53 sind die Zieltemperaturen und die erforderlichen Einwirkzeiten aufgeführt, die einen sicheren Verzehr garantieren.

Fleisch und Haut sind zum Wolfen vorbereitet. Durch das Zerkleinern im Fleischwolf wird die Fleischoberfläche stark vergrößert, wodurch Hackfleisch besonders anfällig für Verunreinigungen ist und daher gründlich gegart werden muss.

Ein digitales Thermometer ist ideal, um den sicheren Verzehr von Geflügel zu gewährleisten und Zieltemperaturen für ein köstliches Ergebnis zu erreichen. Kontrollieren Sie, ob ein ganzes Hähnchen gar ist, indem Sie die Temperatur an der dicksten Stelle des Brustmuskels und an der Innenseite des Oberschenkels, direkt am Knochen messen. (Stecken Sie das Thermometer nicht zu tief ein, da Sie sonst fälschlicherweise den Hohlraum des Schlachtkörpers messen.) Bei allen anderen Stücken messen Sie das Innere. Die nötige Einwirkzeit bedeutet, dass die Innentemperatur konstant auf Zieltemperatur gehalten wird, um das Absterben von Salmonellen und Listerien zu gewährleisten. (Während allgemein eine Innentemperatur von 74 Grad für Hühnchen empfohlen wird, versuche ich normalerweise bei mageren Teilen wie der Brust eine Temperatur von 68 Grad anzustreben, um Feuchtigkeit und Saftigkeit zu erhalten. Teile, die in Bewegung sind, wie Beine und Flügel, vertragen höhere Temperaturen besser.

HÜHNCHEN SICHER VORBEREITEN:

Notwendige Innentemperaturen und Erhitzungszeiten zum Abtöten von Salmonellen und Listerien:

INNEN-TEMPERATUR (GRAD)	ERHITZUNGS-ZEIT
60	12 Minuten
63	4 Minuten
65	72 Sekunden
68	23 Sekunden
71	0 Sekunden

*Ausreichende Innentemperatur zur Abtötung von *T. gondii.*

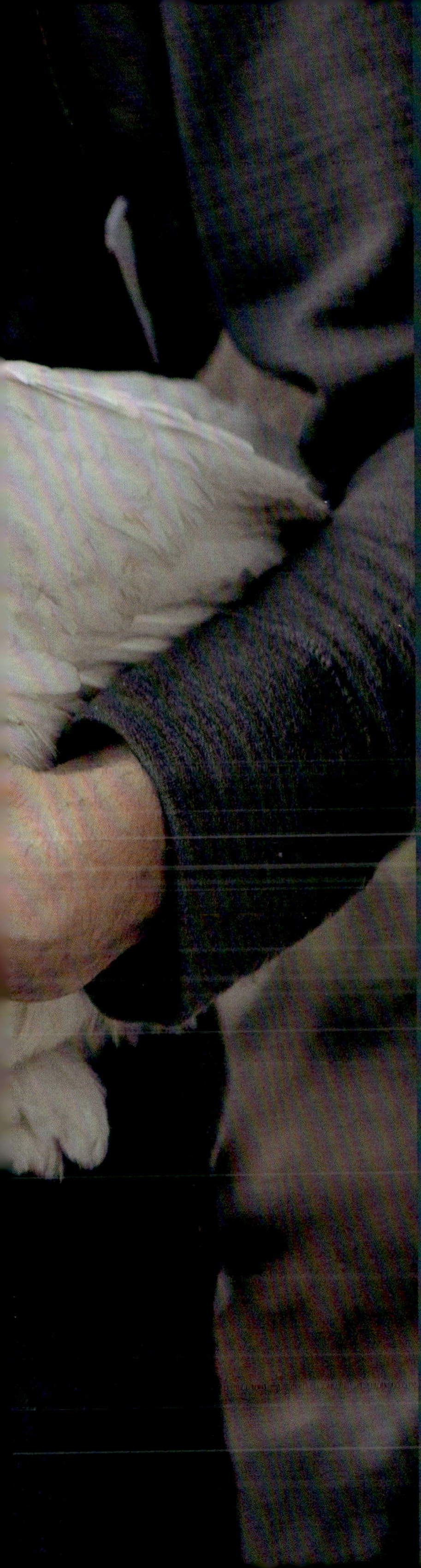

3

Vorbereitungen für die Schlachtung

Das verantwortungsvolle Schlachten eines Tieres ist nicht so sehr ein singuläres Ereignis, sondern Höhepunkt vieler Überlegungen und vorbereitender Maßnahmen, um am Ende ein qualitativ hochwertiges Ergebnis zu erzielen. Sie können keine perfekten Ergebnisse erwarten, wenn das Tier nicht richtig versorgt wurde, die Ausrüstung fehlt oder nicht funktionsfähig ist, zusätzliche Hilfe für bestimmte Aufgaben nicht vorher organisiert wurde oder wenn die Bescheidenheit über die Unerfahrenheit siegt. Aus diesen und vielen anderen Gründen rate ich jedem, der Geflügel schlachten möchte, angemessene Vorkehrungen zu treffen, sowohl für das Wohlbefinden der zum Tode bestimmten Tiere als auch für die verderblichen Produkte, die daraus entstehen. Sie können einfach nicht gut genug vorbereitet sein.

Den Schlachtzeitpunkt festlegen

Um festzustellen, ob ein Tier das richtige Schlachtalter hat, müssen Sie Rasse, gewünschte Eigenschaften und Kochmethode berücksichtigen. Die gängigsten kommerziellen Rassen können in etwa acht Wochen ein marktfähiges Gewicht erreichen. Diese schnell wachsenden Rassen verwerten das Futter äußerst effizient, aber der Preis dafür ist Fleisch mit wenig Geschmack. Langsamer wachsende Rassen (alte Rassen oder solche aus Freilandhaltung) und ältere Tiere (wie Legehennen) bieten weitaus mehr Geschmackstiefe. Diese geht aber auf Kosten der Zeit, und für all diejenigen, die auf kommerzielle Futtermittel angewiesen sind, ergeben sich höhere Betriebskosten. Schnell wachsende Rassen können für zahlreiche Schnellgarmethoden verwendet werden, wie zum Beispiel das Frittieren, während langsamer wachsende Rassen oder ältere Vögel möglicherweise durch langsames Garen wie Braten, Schmoren oder Dünsten in einer Flüssigkeit (daher der Name „Suppenhuhn“) mehr Geschmack liefern. Berücksichtigen Sie diese Punkte, wenn Sie entscheiden, welche Rassen Sie züchten und wie lange der Zyklus vom Schlüpfen bis zur Schlachtung sein soll.

GEFLÜGEL-KLASSEN

Wie die meisten Nutztiere werden auch Hühner nach Größe und Alter eingeteilt. Die Chancen stehen gut, dass Sie ein Pendant von Mast-, Brat- oder Suppenhuhn schlachten werden. Glücklicherweise ist die Verarbeitung im Prinzip immer gleich, unabhängig von Alter und Größe des Vogels. Denken Sie daran, dass der prozentuale Anteil des Schlachtkörpers (oder die Schlachtausbeute) – das Gewicht nach dem Schlachten und Ausnehmen geteilt durch das Lebendgewicht des Vogels – bei 65 bis 70 Prozent liegt. So ergibt zum Beispiel ein Huhn mit einem Lebendgewicht von drei Kilogramm eine Karkasse von mehr als zwei Kilogramm. Beachten Sie, dass sich Alter und Größe, die in diesen Klassifizierungen angegeben sind, auf kommerzielle Rassen beziehen; alte Rassen oder solche aus Freilandhaltung werden höchstwahrscheinlich davon abweichen.

KLASSE	SCHLACHTGEWICHT	ALTER
Stubenküken	0,5 bis 1 kg	weniger als 5 Wochen
Cornish Game Hen	1 bis 2 kg	5 bis 6 Wochen
Broiler/Fritteusehuhn	1,25 bis 2,25 kg	weniger als 13 Wochen
Brathähnchen	2,5 bis 4,5 kg	3 bis 5 Monate
Kapaun (kastriert, männlich)	3 bis 4,5 kg	5 bis 8 Monate
Suppenhuhn	2,5 bis 4 kg	älter als 10 Monate

Am Vortag

Die monatelange Vorbereitung des Platzes, die Haltung der Tiere und die Vorbereitungen gipfeln im Schlachttag. Um sicherzustellen, dass Ihre Bemühungen Zeit und Ressourcen auch wert sind, ist es ratsam, grundlegende Maßnahmen bereits einen Tag vor der Schlachtung zu berücksichtigen. Fehler aufgrund mangelnder Aufmerksamkeit oder Vorbereitungen lassen sich so leicht vermeiden.

Tiere voneinander trennen

Trennen Sie die für die Schlachtung bestimmten Tiere von der größeren Gruppe. Ein idealer Haltungsort für diese Tiere ist nah am Schlachtplatz, damit sie zügig verlegt werden können, doch sollte dieser weit genug entfernt liegen, sodass die Schlachtung selbst ohne Störung der anderen Hühner vonstatten gehen kann. Am besten geben Sie den Tieren 24 Stunden oder mehr Zeit, um sich an ihre neue Umgebung zu gewöhnen. Das reduziert Stress und Angst, was Ihnen die Handhabung erleichtert und gleichzeitig die Fleischqualität verbessert. Die neue Umgebung der Tiere sollte über einen bequemen Zugang zu Wasser, Schatten und einen Unterstand verfügen, zumindest für Vögel, die diesen brauchen.

Kontrollieren Sie die Schlachttiere. Sollten Sie Auffälligkeiten feststellen – wie Anzeichen einer Krankheit, mögliche subkutane Wucherungen, einen geschwollenen Kamm oder Kehllappen, eine lustlose oder abnorme Körperhaltung –, rufen Sie einen Tierarzt. Anschließend entscheiden Sie, ob Sie die Schlachtung verschieben oder ein anderes Tier auswählen.

Nicht mehr füttern

Sorgen Sie dafür, dass den Tieren das Futter für eine gewisse Zeit vorenthalten wird, doch stellen Sie den Zugang zu Wasser sicher. Diese Maßnahme hilft, das Verdauungssystem von Nahrung und Abfällen zu befreien, was wiederum die Gefahr einer Kontamination verringert (weniger Abfall in den Eingeweiden). Ein allgemeiner Leitsatz lautet: „Je größer der Vogel, desto länger die Zeit“, die zwischen acht und zwölf Stunden liegt. Idealerweise umfasst diese Zeit auch Tageslicht, da Hühner in der Regel in der Dunkelheit weniger Nahrung ausscheiden. Berücksichtigen Sie auch die Umgebungstemperatur. Wärme, d. h. Temperaturen über 29 Grad, lassen die Hühner weniger Kot ausscheiden, während sie gleichzeitig mehr Wasser aufnehmen, was zu einem flüssigen Darminhalt – wässrige Innereien – und einem höheren Kontaminationsrisiko bei möglichen Brüchen führen kann. Für Vögel aus der Freilandhaltung ist der Futterentzug eine kleine Herausforderung, da sie um sich herum Zugang zu Futter haben. Das Entfernen von zusätzlichem Futter ist jedoch vorteilhaft für die Darmreinigung.

Entzugszeiten von mehr als zwölf Stunden bergen einige Risiken. Das eingeschränkte Futter in Kombination mit einem Zugang zu Flüssigkeit kann zu wässrigen Därmen führen, was das Risiko des Auslaufens und der Kontamination erhöht. Nach mehr als 14 Stunden nimmt auch die Reißfestigkeit der Eingeweide ab, was die Wahrscheinlichkeit erhöht, dass gerissene Eingeweide das Fleisch beim Ausnehmen verunreinigen. Stellen Sie also sicher, dass Sie den Beginn des Futterentzugs und die Tötungszeiten aufeinander abstimmen.

Verantwortungsvolle Unterbringung am letzten Tag

Alle Tiere verdienen es, in einer sicheren Umgebung ohne Stress und Angst zu leben, besonders während ihrer letzten Stunden. Eine respektvolle Behandlung und Unterbringung der Tiere ist nicht nur würdevoll und ethisch, sondern auch grundlegend, um qualitativ hochwertiges Fleisch zu erzeugen. (Siehe Seite 60 für weitere Informationen zu Stress vor der Schlachtung und dessen Auswirkung auf das Fleisch).

Hühner und Co. sind ängstliche Tiere, die sich leicht von unbekannten Faktoren erschrecken lassen. Vermeiden Sie die Unterbringung in Bereichen, in denen sie Geräuschen – durch Auffahrten, Baustellen, Gebäude mit lauten Sanitäranlagen – oder beweglichen Gegenständen, die sie aufschrecken könnten, wie Ventilatoren, Fahnen und Windspiele, ausgesetzt sind. Halten Sie Hunde und andere Haustiere, die sich leicht aufregen, fern. Genau wie Menschen haben verschiedene Tiere unterschiedliche Bedürfnisse. Daher sollten Sie ihnen Zeit geben, sich an eine neue Umgebung zu gewöhnen.

Schüren Sie beim Umsetzen der Tiere keine Ängste und reduzieren Sie ihren Stress. Das Einfangen von Geflügel kann sich als schwierig erweisen, vor allem bei einer größeren Gruppe. Deshalb überlegen Sie vorher genau, wie Sie vorgehen wollen. Mit Geflügelkisten (manchmal auch Transportboxen genannt) oder anderen Behältern für den Transport der Vögel erleichtern Sie sich die Handhabung. Diese Kisten sind so konzipiert, dass marktübliche Vögel auf engem Raum darin Platz finden, was den Stresspegel niedrig hält und gleichzeitig die Bewegung einschränkt, die Verletzungen verursachen könnte.

Ein Blick auf die Anatomie

Bevor Sie versuchen, ein Tier zu schlachten oder zu zerlegen, müssen Sie sich vorher gut informieren, um Ihre Arbeit effizient und verantwortungsvoll ausführen zu können. Ein guter Ausgangspunkt sind die anatomischen Fakten über das Tier, mit dem Sie arbeiten. Die Grundanatomie von Geflügel umfasst viele gleiche Bewegungsteile, die auch bei anderen Tieren anzutreffen sind, aber es gibt eine Reihe einzigartiger Komponenten, mit denen Sie sich vertraut machen müssen. Wenn Sie die Grundanatomie von Hühnern erst einmal kennen, dann wissen Sie, wie Sie verantwortungsvoll schlachten, welche Teile essbar sind, was Sie wegwerfen müssen und was Verunreinigungen verursachen kann.

Da wir im nächsten Kapitel die Verarbeitung mit Schritt-für-Schritt-Anleitungen erklären, kann es hilfreich sein, das Schaubild auf Seite 59 als Referenz zu verwenden, um sich mit den einzelnen Teilen des Skeletts vertraut zu machen.

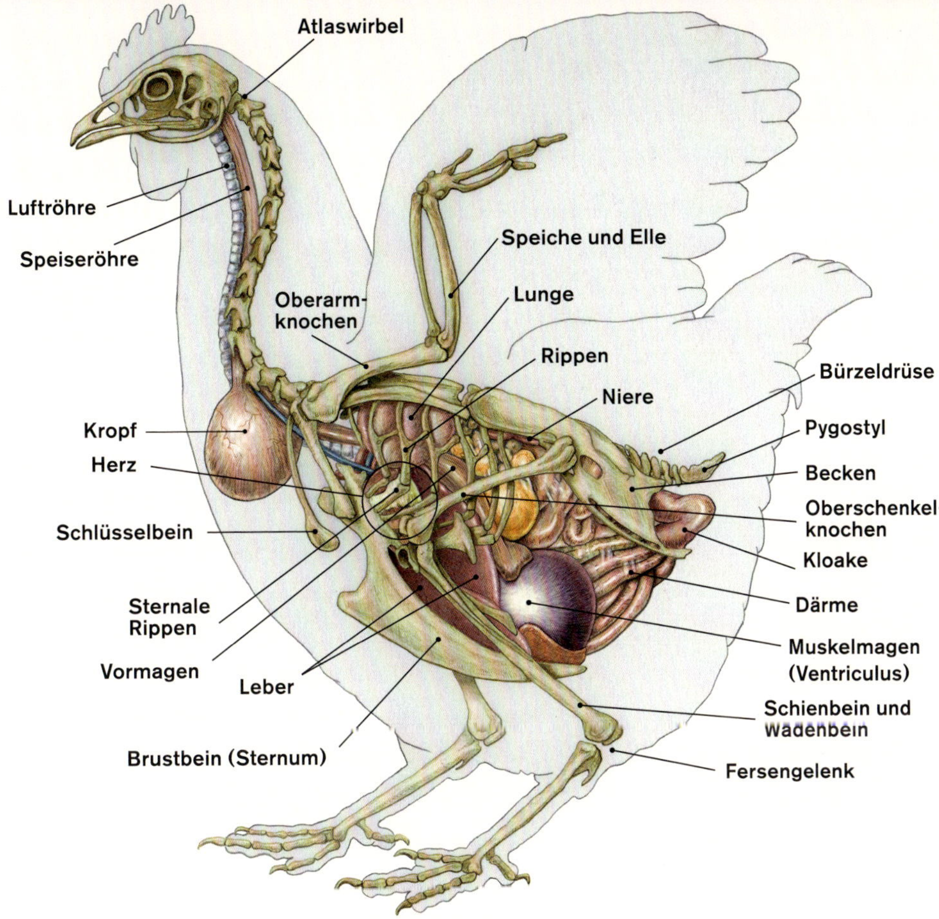

ATLASWIRBEL – verbindet die Schädelbasis mit dem ersten Halswirbel (C1). Dies ist die Verbindung, die beim Entfernen des Kopfes durchtrennt wird, entweder bei der Zervixluxation oder beim Schlachten.

SPEISERÖHRE UND LUFTRÖHRE – führen aus dem Schädel und verlaufen bis zum Eintritt in die Brusthöhle nebeneinander. Die Blutgefäße, die durchtrennt werden müssen, verlaufen auf beiden Seiten dieser Röhren. Um ein Abtrennen von Luft- und Speiseröhre zu vermeiden, müssen Sie die Gefäße mit einem schrägen Schnitt, wie ein V, durchtrennen.

KROPF – er ist, wenn er leer ist, mitunter schwer zu lokalisieren. Wenn Sie den Kropf von der Halshaut trennen müssen, folgen Sie der Speiseröhre in Richtung Körperhöhle. So finden Sie den fleischigen Sack garantiert.

PERIANALDRÜSE – wird meist entfernt, sitzt oberhalb des Schwanzwirbels, kurz vor dem Pygostyl, oder auch Papstnase. Mit einem breiten und flachen Schnitt können Sie diese Drüse entfernen, wobei Sie besser mehr entfernen, als Reste zu lassen.

FERSENGELENK – liegt am Bein direkt unter der Unterkeule und muss abgetrennt werden, um die Füße zu entfernen. Mit etwas Druck auf das Gelenk gelingt dies leicht. Bewahren Sie die Füße für eine Brühe auf.

HERZ, LEBER UND MUSKELMAGEN – sind die gängigsten Innereien, die beim Geflügel für den Verzehr aufbewahrt werden. Die Leber schmeckt am besten, wenn sie direkt nach dem Schlachten eingefroren wird, gleichwohl können Sie alle Innereien gut einfrieren.

DIE AUSWIRKUNGEN VON STRESS BEI TIEREN AUF DIE FLEISCHQUALITÄT

Tiere, die vor dem Schlachten über einen längeren Zeitraum stressigen oder adrenalin-fördernden Bedingungen ausgesetzt sind, produzieren minderwertiges Fleisch. Zu diesen Bedingungen zählen Situationen wie unangenehme Temperaturen, schrille Geräusche, instabile Standflächen, Auseinandersetzungen im Stall, Kämpfe mit anderen Vögeln, falsche Behandlung oder Störungen durch Hofhunde. Derartige Stresssituationen führen zu unerwünschten Veränderungen des pH-Wertes der Muskulatur.

ERSCHÖPFUNG FÜHRT ZU „SCHUHSOHLENFLEISCH"

Ein durch Stress verursachtes Problem ist eine verminderte Menge an Milchsäure in den Muskeln, was zu einem Anstieg des pH-Werts führt. Bei lebenden Tieren sorgt das Kreislaufsystem für einen konstanten Milchsäurespiegel und baut den Überschuss ab. Nach dem Tod bilden die Muskeln weiterhin Milchsäure, aber durch die fehlende Blutzirkulation sammelt sich die Säure an und verändert den pH-Wert von nahezu neutral (etwa 7,0) in leicht sauer (fast 5,7). Dies ist vorteilhaft, da der milde Säuregehalt die mikrobielle Aktivität hemmt, einschließlich der von Bakterien. Darüber hinaus bewirkt das Absinken des pH-Werts die leichte Auflösung der Proteine, wodurch etwas Flüssigkeit freigesetzt wird und das Fleisch mehr Feuchtigkeit bekommt.

Obwohl normale Änderungen des pH-Werts vorteilhaft sind, können abweichende pH-Werte unangenehme Folgen haben. Wenn ein gestresstes oder erschöpftes Tier stirbt, enthalten seine Muskeln wenig Restenergie und produzieren nicht genug Milchsäure, um einen geregelten Abfall des pH-Wertes zu bewirken, was zu einem erhöhten pH-Endwert führt (über 6, je nach Tierart). Fleisch mit einem derart hohen pH-Wert wird als dunkel, fest und trocken (DFD = *Dark, Firm, Dry*) bezeichnet. Ohne die nötige Säure, welche die mikrobielle Aktivität eindämmt, verdirbt das Fleisch schneller: Proteine werden fester statt zu denaturieren und verstärken ihre Bindung mit Wasser, was zu festem, trockenem Fleisch führt.

EIN ADRENALINSCHUB ERZEUGT „BLASSES, WEICHES, WÄSSRIGES" FLEISCH

Auf ähnliche Weise führt ein drastischer Abfall des pH-Wertes der Muskeln nach dem Tod zu einer schlechten Fleischqualität. Wenn ein Tier bedroht, überrascht oder aufgeregt ist, führt seine „Kampf-oder-Flucht"-Reaktion zu einem Adrenalinschub in seinen Muskeln. Wenn dies in der halben Stunde vor dem Schlachten geschieht, hält die Wirkung des Adrenalins auch nach dem Tod an.

Ein Adrenalinschub beschleunigt die Verarbeitung von Glykogen und führt zu einer erhöhten Milchsäureproduktion. Eine plötzliche Verschiebung des pH-Werts von neutral (7) in den sauren Bereich (weniger als 5,8) führt in Verbindung mit warmen Muskeln dazu, dass die Muskelfasern sich übermäßig auflösen. Die Folgen sind vielfältig, aber das Ergebnis ist ein Fleisch, das als blass, weich und wässrig (PSE = *Pale, Soft, Exudative*) bezeichnet wird. Kurz gesagt, es ist feuchtes, breiiges Fleisch, das schnell austrocknet. Wenn sich die Muskelfasern auflösen, verlieren sie einen Großteil ihrer Fähigkeit, Wasser zu binden, was zu übermäßigem Feuchtigkeits- oder Tropfverlust und einer beeinträchtigten Struktur führt. Gleichzeitig wird das Myoglobin (ein sauerstoffbindendes Protein im Blut, das dem Fleisch seine Farbe verleiht) verändert und es reflektiert das Licht, was zu einer blasseren Farbe führt. Bei Geflügel sind die Folgen am deutlichsten in Qualität des Brustfleisches zu erkennen, da dessen empfindliche Struktur anfälliger für eine Zersetzung ist.

4

Schlachten

Es ist kein Wunder, dass Hühner zu den ersten domestizierten Tieren gehörten: Ihre geringe Größe, ihr robustes Wesen und ihr Allesfresser-Appetit machen sie ideal für die Aufzucht unter Bedingungen, bei denen andere Tiere Schwierigkeiten hätten. Sie sind leicht zu handhaben (wenn man sie richtig behandelt) und können schnell getötet werden. Für die Schlachtung brauchen Sie in der Regel einige spezielle Utensilien, aber alles Benötigte können Sie aus billigen Materialien herstellen, wenn Ihr Budget knapp bemessen ist.

Der Schlachtprozess

Hühner und anderes Geflügel zählen zu den am leichtesten zu schlachtenden Tieren. Tatsächlich ist es oft mehr Arbeit, die Ausrüstung zu besorgen und aufzubauen, als zu schlachten. Obwohl sie im Vergleich zu anderen Tieren klein sind, müssen auch Hühner umsichtig und verantwortungsvoll geschlachtet werden. Hinzu kommt, dass bei den Schlachtkörpern häufig die Häute dranbleiben, was eine besondere Aufmerksamkeit erfordert, da sie ein höheres Risiko für lebensmittelbedingte Krankheiten bergen (siehe Seite 40).

Vorbereitung und Durchführung

Bevor Sie den Schlachttag planen, lesen Sie das gesamte Kapitel 3 durch, in dem alle Notwendigkeiten, Vorbereitungen, Überlegungen zum Schlachten und der Tag vor der Schlachtung beschrieben werden. Planen Sie die Abholung der Vögel für die frühen Morgenstunden, um ihre Aufregung zu minimieren und der Gefahr von Verletzungen wie gebrochene Flügelspitzen und Quetschungen am Korpus vorzubeugen. Wenn Vögel längere Zeit in Kisten gehalten werden, vermeiden Sie es, sie direktem Sonnenlicht oder übermäßig warmen Umgebungen auszusetzen.

Die Hühner entspannen von selbst und können dann ohne großen Widerstand in eine hängende Position gebracht werden. Bevor Sie das Huhn in die Hand nehmen, halten Sie es einige Sekunden lang fest und achten Sie darauf, dass die Flügel dicht am Körper anliegen. Wenn Sie das richtig machen, werden Sie spüren, wie der Vogel sich entspannt. Je ruhiger und energischer Sie sind, desto effektiver werden Sie sein. Sobald der Vogel sich entspannt hat, schieben Sie eine Hand unter ihn und heben ihn mit dieser Hand an beiden Beinen auf, wobei der Rücken des Huhns zu Ihnen zeigt.

DER SCHLACHTPROZESS

Es gibt nur sehr wenige Möglichkeiten, Geflügel zu schlachten, sodass die zu befolgenden Schritte recht eindeutig sind.

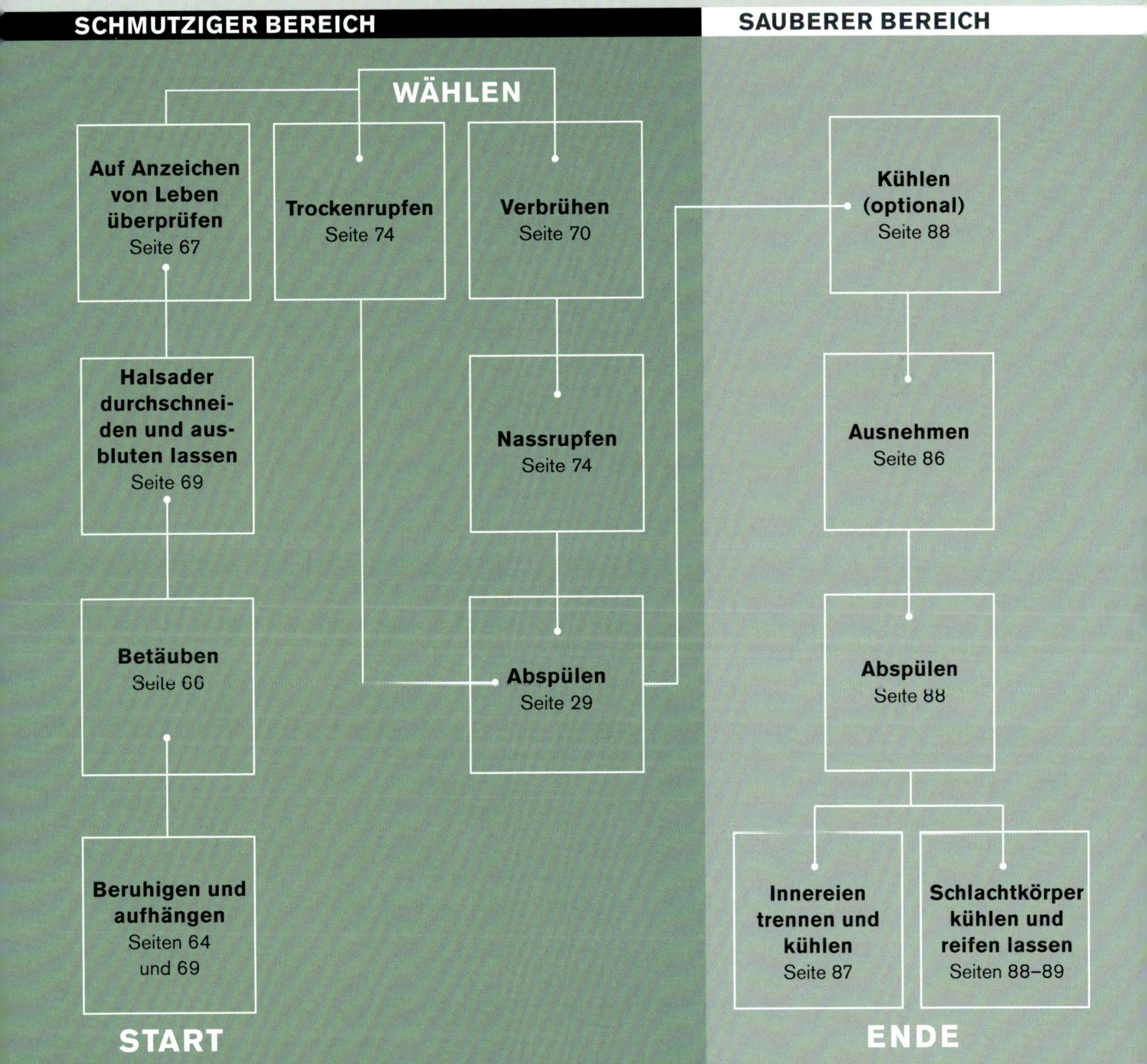

Betäuben und Prüfen der Empfindungslosigkeit

Beim Schlachten eines Tieres sollte immer im Vordergrund stehen, Unannehmlichkeiten für das Tier in den letzten Momenten seines Lebens zu vermeiden, was bei Hühnern die Betäubung ist. Das Tier muss vor dem Entbluten betäubt sein. Die eigentliche Todesursache ist die mangelnde Sauerstoffzufuhr (über das Blut) zum Gehirn (auch als Anoxie bekannt) als Folge des Blutverlustes. Um den Eintritt des Todes zu beschleunigen, ist es hilfreich, das Herz des Tieres pumpen zu lassen, während es schon bewegungsunfähig ist. Dies fördert ein gründlicheres Ausbluten, insbesondere in Kombination mit der Schwerkraft.

Fahren Sie unter keinen Umständen mit dem Entbluten eines Tieres fort, wenn Sie nicht sicher sind, dass es empfindungslos ist. Es liegen umfangreiche Forschungen über die Anzeichen der Empfindungslosigkeit vor. Sie sollten diese auf jeden Fall kennen, um sicherzustellen, dass das Tier keine Schmerzen verspürt, bevor Sie es ausbluten lassen.

Jede Form der **elektrischen Betäubung** zielt darauf ab, den Zustand eines epileptischen Anfalls beim Tier auszulösen und damit dessen Empfindungslosigkeit. Überprüfen Sie jedes Tier auf diese Anzeichen einer wirksamen elektrischen Betäubung, bevor Sie mit dem Entbluten fortfahren:

- Gewölbter Hals mit senkrecht gehaltenem Kopf
- Keine rhythmische Atmung (achten Sie auf Schwanz und Kloake)
- Starr ausgestreckte Beine
- Ständiges, schnelles Körperzittern
- Fehlen des Nickhautreflexes (dritter Augenlidreflex)
- Fest an den Körper angelegte Flügel

Es gibt keine absolut sichere Methode der Betäubung. Irgendwann werden Sie danebengreifen oder etwas anderes geht schief. Bereiten Sie sich daher auf eine unwirksame Betäubung vor, sei es durch einen schlechten Schlag, eine nicht funktionierende Elektrode oder eine andere Fehlfunktion. Geraten Sie nicht in Panik, wenn der erste Versuch nicht funktioniert. Halten Sie einen Ersatzplan bereit und führen Sie ihn in aller Ruhe

ABSCHLAGEN DES KOPFES

Seit Jahrhunderten werden Tiere, die für unsere Bäuche bestimmt sind, durch das Entfernen des Kopfes getötet. Sie können sich sicher vorstellen, dass es sich dabei weniger um eine Betäubungsmethode als um eine Todesart handelt. Technisch gesehen wird dieser Vorgang als zervikale Dislokation bezeichnet, d. h. die Abtrennung des Schädels von Wirbelsäule und Rückenmark. Er führt zum sofortigen Tod und damit zum sofortigen Aussetzen des Herzens. Bei korrekter Durchführung wird das Tier mit geringem Leidensdruck getötet. Allerdings ist das anschließende Ausbluten weniger effektiv als bei Methoden, bei denen das Herz weiter schlägt. Außerdem kann das Durchtrennen der Speiseröhre zu zusätzlichen Problemen mit Ausfluss und Verunreinigungen führen, insbesondere wenn Tiere vor dem Ausnehmen in denselben Brüh- und Kühlbecken liegen.

aus. Bei Geflügel kann dieser Ersatzplan der Genickbruch sein – im Fachjargon als zervikale Dislokation bekannt (siehe Seite 66).

Ausbluten und auf Leben (und Tod) kontrollieren

Sie wollen das Rückenmark nicht durchtrennen, wenn Sie den Kopf abschlagen, da dann das Herz sofort aufhört zu pumpen. Zudem gibt es Hinweise darauf, dass sich durch die Durchtrennung der Wirbelsäule die Federfollikel zusammenziehen, was wiederum das Rupfen erschwert. Nehmen Sie sich die Zeit, Ihren Vogel richtig ausbluten zu lassen, damit Sie ein hochwertiges Produkt erhalten und das Tier später effizient verarbeiten können.

Das Huhn kann nach dem Entbluten Todeskrämpfe zeigen. Das ist normal und kein Anzeichen für ein Trauma oder Schmerzen. Ein ordnungsgemäßes Ausbluten führt beim Vogel in weniger als 30 Sekunden zur Bewusstlosigkeit, trotz der dramatischen Körperbewegungen.

Der Tod durch Entbluten kann zwischen 90 Sekunden und 4 Minuten dauern. Sie gewinnen nichts, wenn Sie voreilig handeln, also seien Sie lieber vorsichtig und warten Sie einige Minuten. Die Augen des Huhns sollten offen sein. Tippen Sie auf das Auge, um sicherzustellen, dass es keine Reflexe zeigt. Es sollte keine Anzeichen von Atmung oder Bewegung geben. Kontrollieren Sie, ob die Kloake pulsiert oder sich überhaupt bewegt. Im Zweifelsfall gießen Sie etwas kochendes Wasser auf ein Bein und achten Sie auf eine mögliche Bewegung. Fahren Sie erst fort, wenn Sie wirklich sicher sein können, dass das Tier nicht mehr lebt.

Sie müssen warten, bis der Vogel sich nicht mehr bewegt und alle Körperfunktionen zur Ruhe gekommen sind, bevor Sie mit dem Verbrühen beginnen. Das kann traumatisch sein für jene Person, welche die Schlachtung vornimmt, da ein verbleibender Reflex des Vogels dazu führt, dass er einatmet, während er sich im Brühkessel befindet, was zu einer inneren Kontamination durch das Kreislaufsystem führen kann. Fahren Sie mit dem Brühen erst fort, nachdem Sie sich vergewissert haben, dass das Tier nicht mehr lebt.

1

2

3

4

Betäuben und Ausbluten des Vogels

1. **SUCHEN SIE SICH IN RUHE EIN HUHN AUS** und bringen Sie dabei keine Unruhe in die Brut.

2. **DREHEN SIE DEN VOGEL UM UND BERUHIGEN SIE IHN.** Wenn das Blut des Vogels in seinen Kopf fließt, schlägt er kurz mit den Flügeln, bevor er erstaunlich ruhig wird, was es leichter macht, mit dem Ausbluten zu beginnen.

3. **HÄNGEN SIE DEN VOGEL AUF UND SICHERN SIE IHN.** Achten Sie darauf, dass die Brustseite Ihnen zugewandt ist. Mit dem Knüppel in einer Hand halten Sie mit der anderen Hand den Kopf des Vogels am Kamm und beugen ihn etwas nach hinten, um die Haut um den Hals herum zu straffen. (Bei Schlachttrichtern müssen Sie eventuell in den Kegel greifen und den Kopf durch die Unterseite ziehen.) Betäuben Sie nun das Tier wie auf Seite 24 beschrieben.

4. **SCHNEIDEN SIE DIE HALSADERN DURCH.** Wenn der Vogel betäubt ist, setzen Sie das Messer an der Schädelbasis und am Kiefer an und stellen Sie sicher, dass es die Haut und nicht die Federn berührt. (Es ist unmöglich, durch die Federn zu schneiden und das Tier gut ausbluten zu lassen, ganz zu schweigen davon, dass das Messer schnell stumpf wird, wodurch nachfolgende Blutungen weniger effektiv werden.) Das Ziel ist die Durchtrennung der zwei Halsadern auf beiden Seiten des Halses, ohne dabei Luftröhre oder Speiseröhre zu durchtrennen. Dazu setzen Sie einen V-förmigen Schnitt, wobei der erste Stich zu Ihnen hin und der zweite von Ihnen weg ausgeführt wird. Sie merken, wenn der Schnitt erfolgreich ist – das Blut spritzt heraus. Ein Blutrinnsal zeigt an, dass Sie nicht tief genug geschnitten oder die richtige Ader getroffen haben. Alternativ können Sie den Ohrscheibenstich anwenden: Wenn Sie keinen Trichter verwenden, greifen Sie mit der linken Hand den Oberschnabel oder Kamm und ziehen den Hals straff nach vorne, sodass die Halsschlagader stark angespannt wird. Die Klinge wird nun hinter der Backe an der Ohrscheibe angesetzt und mit einem Stich wird die Halsschlagader durchtrennt.

ALTERNATIVE METHODE

DEN VOGEL HALTEN UND AUSBLUTEN LASSEN

Sie können auch mit dem Entbluten beginnen, während Sie den Vogel halten, was besonders hilfreich ist, wenn Sie nicht mit Schlachttrichtern arbeiten. Drehen Sie zuerst den Vogel auf den Kopf und halten Sie die Beine des Vogels mit Ihrer Messerhand fest. Sobald der Vogel ruhig ist, halten Sie den Kopf mit Ihrer Nicht-Messerhand und drücken den Vogel dicht an Ihren Körper, wobei Sie die Flügel zwischen Arm und Körper so fixieren, als würden Sie einen Fußball halten. Kneifen Sie die Haut auf der Rückseite des Halses gegenüber der Stelle fest, an der Sie schneiden werden, um sie zu straffen, und trennen Sie dann die Halsadern durch. Hängen Sie den Vogel direkt zum Ausbluten auf.

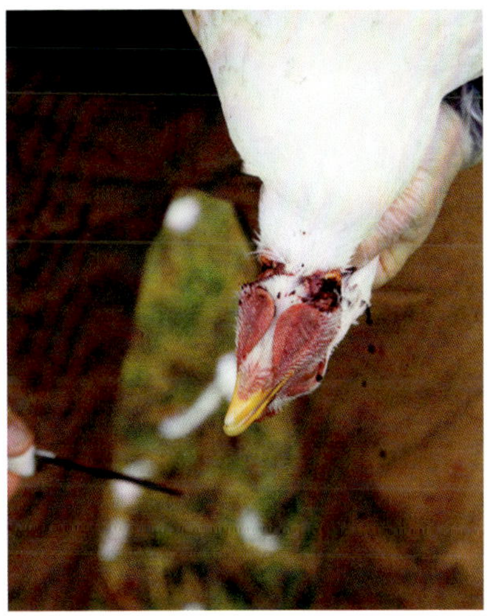

Den Vogel verbrühen

Nachdem der Vogel ausreichend ausgeblutet ist – sein Körper ist schlaff, es wird kein Blut ausgestoßen und die Kloake bewegt sich nicht –, können Sie mit dem Verbrühen beginnen. Um sicherzugehen, dass das Tier tot ist, sollten Sie etwas von dem Brühwasser auf Rücken oder Beine des Tieres geben. Wenn Sie eine Reaktion sehen, warten Sie noch eine Minute oder bis die Blutung stoppt.

Es gibt verschiedene Stufen des Verbrühens, die von zwei Faktoren abhängen: Wassertemperatur und Eintauchdauer. Sie müssen einige Versuche unternehmen, um die für Sie wichtigen Faktoren zu finden – zum Beispiel einfaches Rupfen, Aussehen des Schlachtkörpers oder Zustand der Haut.

Wenn Sie Ihre Vögel trocken rupfen möchten, können Sie auf Seite 72 fortfahren.

LEICHTES VERBRÜHEN (55–60 GRAD)

Das leichte Verbrühen sorgt dafür, dass die Epidermisschichten intakt bleiben und die Haut beim Rupfen nicht reißt. Das ist praktisch, wenn Sie sich wegen des Aussehens des Schlachtkörpers sorgen oder den Vogel an der Luft kühlen wollen. Planen Sie eine Eintauchzeit von 1 bis 2 Minuten ein, wenn Sie die Vögel leicht verbrühen wollen, aber testen Sie es zuerst an einem Vogel.

HEISSES VERBRÜHEN (60–70 GRAD)

Das Wasser ist beim heißen Verbrühen heißer und der Vorgang geht schneller als das leichte Verbrühen und erleichtert das Rupfen. Dabei wird die obere Epidermisschicht entfernt. Trotzdem sollten Sie darauf achten, dass die Haut beim Rupfen nicht reißt, es sei denn, der Vogel wird zu lange verbrüht (er bleibt zu lange im Wasser). Wenn Sie Hühner bei noch höheren Temperaturen verbrühen oder sie dem heißen Wasser länger als die empfohlene Zeit aussetzen, beschädigen Sie eventuell die Haut und bringen sogar einige der äußeren Muskeln zum leichten Kochen. Beim heißen Verbrühen liegen die Eintauchzeiten meist zwischen 25 und 60 Sekunden.

■ ■ ■

Der Verbrühungsprozess ist relativ gleich, egal, wie Sie Wassertemperatur und Eintauchzeit aufeinander abstimmen. Der „Gargrad“ des Brühvorgangs ist der Punkt, an dem Sie nach „Versuch-und-Irrtum“-Prinzip arbeiten müssen. Lassen Sie sich nicht entmutigen, wenn die Vögel anfangs Anzeichen einer Unterbrühung (Schwierigkeiten beim Rupfen) oder Überbrühung (zerrissene Haut, leicht gekochtes Fleisch) aufweisen. Wenn Ihre Temperatur in einem der empfohlenen Bereiche liegt, sollten Sie mit der Eintauchzeit experimentieren. Wenn sich die Ergebnisse nach einigen Versuchen nicht verbessern, passen Sie den Temperaturbereich an. Versuchen Sie auch, Flüssigseife ins Wasser zu geben, damit das Wasser in die Federn eindringt. Wenn Sie die Füße aufbewahren wollen (sie eignen sich hervorragend für eine Brühe), achten Sie darauf, dass diese während des Brühvorgangs vollständig untergetaucht sind. So können Sie die Haut später abziehen.

Lösen der Federn durch Verbrühen

1. **TAUCHEN SIE DIE VÖGEL UNTER.** Sobald Ihr Wasserbad die Zieltemperatur erreicht hat, tauchen Sie die Vögel – bis zu zwei pro Hand – vollständig in das Wasser ein, wobei Sie darauf achten müssen, dass alle Federn bis zu den Fußwurzeln davon bedeckt sind. Bewegen Sie die Vögel im Wasser auf und ab, bis die Zieltemperatur erreicht ist.

2. **FÜHREN SIE EIN PROBERUPFEN DURCH.** Nehmen Sie die Vögel aus dem Wasser, greifen Sie eine der größeren Flügelfedern und versuchen Sie, diese herauszuziehen. Wenn die Feder ohne Widerstand herauskommt, ist der Brühvorgang abgeschlossen. Wiederholen Sie Eintauchen und Proberupfen, bis die Vögel fertig bearbeitet sind.

ALTERNATIVE METHODE

EIN VOGEL, EIN TOPF

Wenn Sie nur gelegentlich ein paar Vögel verbrühen, brauchen Sie nur einen großen Topf mit heißem Wasser. Die Vorgehensweise ist dieselbe: eintauchen, halten, wiederholen, und zur Probe rupfen. Ein Werkzeug, wie der hier verwendete Wetzstab, hilft beim Eintauchen des Vogels in einen dicht schließenden Topf.

Rupfen

Das Rupfen ist die Aufgabe, die das endgültige Aussehen des Schlachtkörpers am stärksten bestimmt. Für Geflügelhalter mit Kunden ist das richtige Rupfen äußerst rentabel, weil es zu einem ansehnlichen Fleischprodukt führt, das einen hohen Preis erzielt. Es gibt viele Möglichkeiten, ein Huhn zu rupfen, am Ende liefert jede ein sauberes Lebensmittel. Deshalb wählen Sie eine Methode, die am besten zu Ihrer Situation passt. Ihre Wahl hängt von dem Ihnen zur Verfügung stehenden Platz ab, der Anzahl der zu verarbeitenden Tiere und Ihrem Budget. Nach dem Rupfen, dem letzten Schritt im schmutzigen Prozess, tauchen Sie den Schlachtkörper zweimal unter (siehe Seite 29), um ihn schnell abzuspülen und die Körpertemperatur zu senken.

Mechanisches Rupfen

Wenn Sie eine mechanische Rupfmaschine benutzen, folgen Sie den Anweisungen des Herstellers für diesen Vorgang. Das Geheimnis für ein erfolgreiches mechanisches Rupfen ist ein gutes Verbrühen. Wenn Sie die Maschine richtig verwenden und die Ergebnisse erfolglos sind, passen

Durch die rumpelnde Bewegung der Trommel-Rupfmaschine werden mittels der weichen Gummifinger im Inneren die Federn entfernt, sodass Sie nach nur 25 bis 45 Sekunden einen fast sauberen Schlachtkörper haben.

Sie die Brühmethode an, bevor Sie das Gerät als leistungsschwach disqualifizieren.

Handrupfen

Beginnen Sie mit dem Rupfen sofort, nachdem Verbrühen oder Durchstechen des Gehirns abgeschlossen sind. Beim Rupfen von Hand sollten Sie keine großen Federbüschel greifen und versuchen, sie herauszuziehen. So zerreißen Sie die Haut und erhalten einen unansehnlichen Schlachtkörper. Greifen Sie stattdessen große Flugfedern einzeln oder paarweise, halten Sie sie straff und ziehen Sie sie mit einer kräftigen, ruckartigen Bewegung in Wuchsrichtung heraus. Greifen Sie kleinere Federn an der Wurzel, zwischen Daumen und Zeigefinger, und ziehen Sie sie mit einer gleichmäßigen Bewegung entgegen der Wuchsrichtung heraus. Sie sollten mit wenig Widerstand herauskommen. Manchmal ist es hilfreich, mit einer Hand Druck auf die Haut um die Federn herum auszuüben und mit der anderen Hand zu rupfen. Nachdem Verbrühen oder Ohrenscheibenstich gelungen sind, ist das Rupfen nun der Prozess, bei dem nicht Kraft, sondern Finesse und Schnelligkeit gefragt sind.

3

4

Trockenrupfen von Hand

Sobald Sie sich vergewissert haben, dass der Vogel nicht mehr lebt, beginnen Sie mit dem Trockenrupfen. Sie haben etwa drei Minuten Zeit, bis die Muskeln abkühlen und sich die Follikel, die sich beim Rupfen entspannt haben, wieder zusammenziehen. Sie können vielleicht nicht den ganzen Vogel in drei Minuten rupfen, aber es ist empfehlenswert, so schnell wie möglich damit zu beginnen. Starten Sie mit den Flügeln und Beinen. Diese Bereiche kühlen am schnellsten ab, wodurch sich die Follikel zusammenziehen. Gehen Sie weiter zum Schwanz und arbeiten Sie sich von oben nach unten vor, wobei Sie mit dem Bereich beginnen, der zuerst ausgeblutet ist, und von dort aus weiterarbeiten.

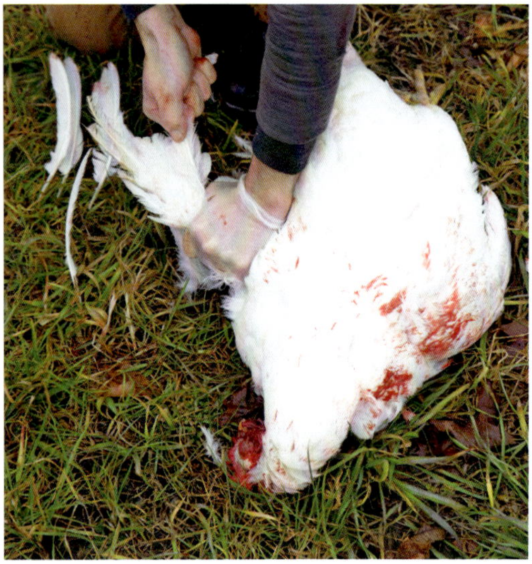

1. **ENTFERNEN SIE DIE GRÖSSTEN FEDERN.** Beginnen Sie mit den Flügeln: Entfernen Sie zuerst die großen Flugfedern, eine oder zwei auf einmal, dann die kleineren Federn. Fahren Sie mit den Beinen fort, und wenn Sie fertig sind, geht es weiter mit dem Schwanz (Papstnase).

2. **BEENDEN SIE DAS RUPFEN.** Arbeiten Sie von der Vorderseite des Huhns bis zur Brust hinunter. Greifen Sie immer ein paar Federn auf einmal zwischen Daumen und Zeigefinger und rupfen Sie gegen die Wuchsrichtung der Federn. Enden Sie mit Rücken und Hals.

ALTERNATIVE METHODE

NASSRUPFEN VON HAND

Hängen Sie den Vogel auf oder legen Sie ihn auf einen Tisch und rupfen Sie zuerst die Gliedmaßen, dann Schwanz, Brust, Rücken und Hals. Tauchen Sie den Vogel noch einige Male in den Brühkessel, wenn Sie feststellen, dass sich die Federn nur schwer ausreißen lassen. Kontrollieren Sie, ob sich die Federn bei jeder Bewegung lösen. Sobald sich die Follikel wieder entspannt haben, rupfen Sie weiter und wiederholen Sie den Vorgang, bis Sie fertig sind.

ZUM SCHLUSS: ENTFERNEN DER NADELFEDERN UND ABSENGEN DER HAARE

Nadelfedern sind noch nicht vollständig entwickelte Federn in der Haut des Vogels. Sie sind widerspenstig und erfordern eine andere Methode der Entfernung.

Nehmen Sie zunächst eine stumpfe Klinge – ein Buttermesser oder Ähnliches – und streichen Sie damit über die Haut, am Hals beginnend und weiter zum Schwanz. Üben Sie genug Druck aus, um die Nadelfedern herauszulösen, aber nicht so stark, dass die Haut unter der Klinge eingeklemmt wird und möglicherweise reißt.

Die störrischen Nadelfedern müssen eventuell einzeln gezupft werden. Greifen Sie die Federn zwischen stumpfer Klinge und Daumen und ziehen Sie sie heraus, oder quetschen Sie sie mit den Daumen – ähnlich wie beim Ausdrücken einer Pustel – und die Nadelfeder sollte herauskommen. Wirklich lästige Nadelfedern müssen Sie möglicherweise mit einer Spitzzange oder Pinzette entfernen (an diesem Punkt werden Sie sich fragen, ob ein sauberer Schlachtkörper erstrebenswert ist).

Wenn Sie nicht das mechanische Rupfen anwenden, verbleiben meist einige Haare am Schlachtkörper, vor allem an den Flügeln. Sie können die Haare während des Schlachtvorgangs ansengen (nur wenn Sie die Hühner im Ganzen braten wollen, ist es einfacher, die Haare später im Ofen abzusengen). Wenn Sie sie jetzt abbrennen möchten, können Sie mit einer Propangasfackel oder mit der offenen Flamme eines Gasfelds am Herd arbeiten. Achten Sie bei beiden Anwendungen darauf, dass die Flamme sich zügig über die Hühnerhaut verteilt und nur kurz damit in Berührung kommt; andernfalls riskieren Sie, die Haut vollständig zu verbrennen oder sogar das Hähnchen zu garen, sodass es bei der späteren Lagerung schnell verdirbt.

Nadelfedern können mit einem Spezialwerkzeug oder einem stumpfen Messer entfernt werden.

Reinigen, Ausnehmen und Kühlen

Beim Ausnehmen werden der Verdauungstrakt und andere innere Organe (als Eingeweide bezeichnet) entfernt, ohne sie zu verunreinigen, sodass am Ende eine saubere, essbare Karkasse bleibt. Ein Gramm Darminhalt kann eine Milliarde Bakterien enthalten, die auf die Arbeitsfläche oder das Wasserbad zum Abkühlen des Schlachtkörpers übertragen werden können und sich dort vermehren. Verantwortungsvolles Schlachten bedeutet, das Tier zu respektieren. Fleisch aufgrund einer vermeidbaren Verunreinigung wegzuwerfen, steht dazu im Widerspruch. Treffen Sie daher entsprechende Vorsichtsmaßnahmen und gehen Sie beim Ausnehmen der Vögel mit Bedacht vor, denn in diesem Stadium ist das Risiko einer Kontamination am größten. Desinfizieren Sie Ihre gesamte Ausrüstung, bevor Sie weiter fortfahren.

Wollen Sie Verunreinigungen vermeiden, dann müssen Sauberkeit und eine verantwortungsvolle Verarbeitung im Vordergrund stehen, da beim Schlachten nie vollkommen steril gearbeitet werden kann. Es besteht immer das Risiko, dass inneres Muskelgewebe mit Salmonellen kontaminiert wird.

Achten Sie darauf, dass essbare und ungenießbare Innereien zu trennen sind. In diesem Fall hätte man die Füße für eine Brühe aufbewahren können.

Alle zusätzlichen Kontaminationen auf dem fertig verarbeiteten Schlachtkörper werden von uns eingeschleppt, entweder durch äußere Quellen oder beim Durchstechen des Verdauungstrakts oder anderer Eingeweide. Wann immer Sie also ein Messer zum Enthäuten oder Ausnehmen verwenden, sollten Sie daran denken, von innen nach außen zu schneiden, um die Übertragung von Verunreinigungen an der Oberfläche in das Innere des Schlachtkörpers einzuschränken. Das bedeutet, dass Sie bei den ersten Schnitten durch die Haut immer mit der Messerschneide vom Körper des Tieres weg schneiden, wie auf Seite 80, Schritt 2, beschrieben. Setzen Sie die Schnitte flach an, damit Sie Muskeln, Geschlechtsorgane oder Bauchwände nicht einschneiden.

Sie brauchen Kopf, Hals und Füße nicht zu entfernen. Wenn Sie diese lieber am Körper belassen möchten – was manchmal als „buddhistischer Stil“ bezeichnet wird –, dann überspringen Sie die Beschreibungen auf den folgenden Seiten und konzentrieren Sie sich auf die Eingeweide.

Ein Tisch aus rostfreiem Stahl ist eine ideale hygienische Oberfläche zum Ausnehmen von Geflügel.

Entfernen der Füße

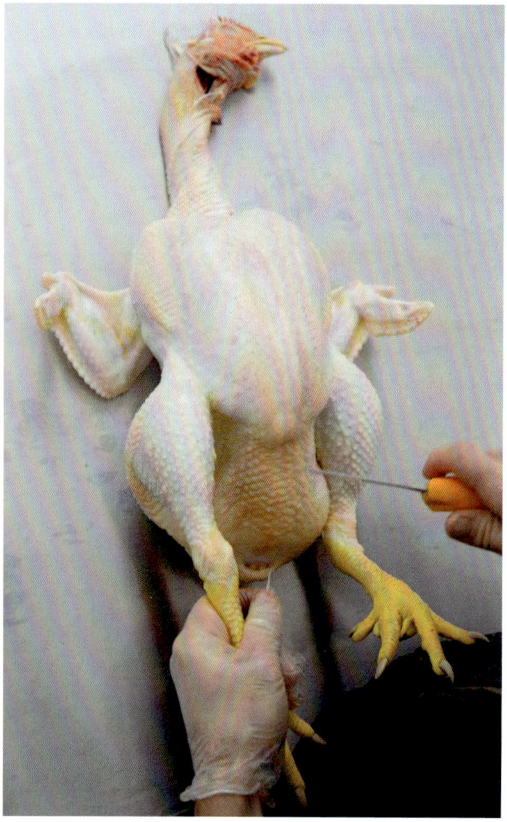

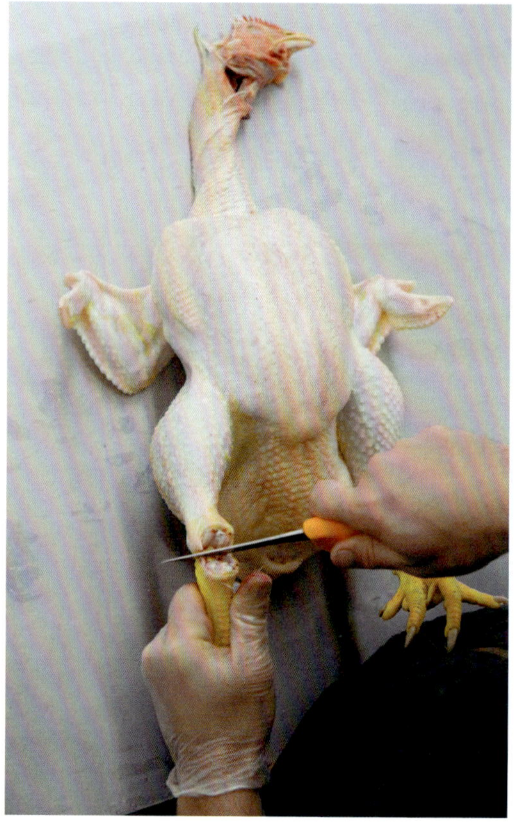

1. **RICHTEN SIE DAS BEIN GERADE AUS.** Legen Sie den Vogel mit der Brust nach oben. Fassen Sie einen Fuß und drücken Sie ihn fest nach unten, um das Bein zu strecken.

2. **SCHNEIDEN SIE MITTEN DURCH DAS FERSENGELENK.** Halten Sie den Druck aufrecht, nehmen Sie Ihr Messer und schneiden Sie mitten durch das Fersengelenk. Wird der Schnitt richtig ausgeführt, springt das Gelenk auf und Sie können den Fuß vollständig entfernen, indem Sie das Bindegewebe und die Haut auf der Rückseite durchtrennen. Wiederholen Sie den Vorgang mit dem anderen Fuß. Sie können die Füße aufbewahren (sie eignen sich gut für Brühe), oder Sie verfüttern sie an Ihren Hund oder geben sie in den Behälter für Ungenießbares.

Entfernen der Bürzeldrüse

In den Vereinigten Staaten ist es üblich, die Öldrüse an der Schwanzwurzel (der Bürzel) zu entfernen, obwohl das nicht unbedingt erforderlich ist.

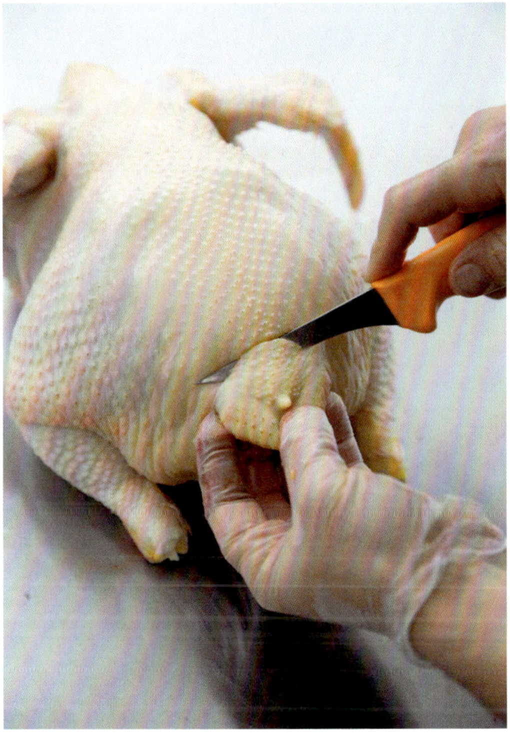

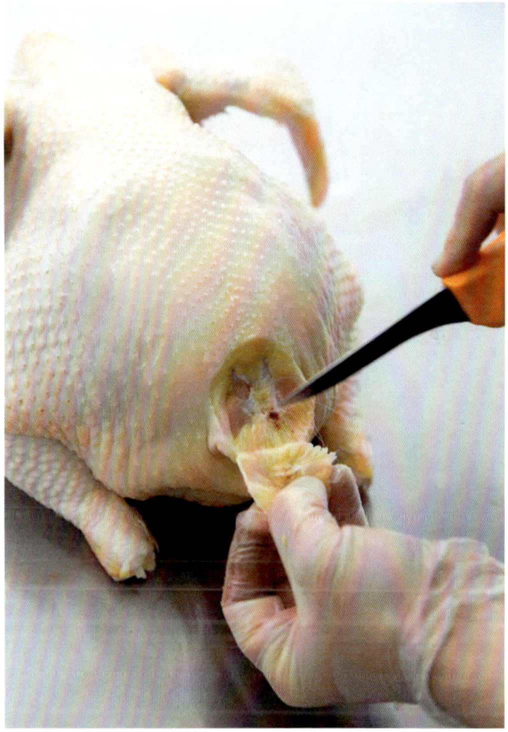

1. **SUCHEN SIE DIE DRÜSE UND FANGEN SIE AN ZU SCHNEIDEN.** Legen Sie das Huhn mit der Brustseite nach unten und suchen Sie die Drüse, eine tiefgelbe, brustwarzenähnliche Papille vor dem Schwanz. Setzen Sie den Schnitt etwa 2,5 Zentimeter vor der Drüse und in Richtung Schwanz in einem schrägen Winkel – etwa 70 Grad – an, bis Sie an die Wirbelsäule stoßen.

2. **ENTFERNEN SIE DIE DRÜSE.** Schneiden Sie weiter an der Wirbelsäule entlang, dann nach oben und anschließend nach rechts, bevor Sie den Schwanz erreichen. Wenn es Ihnen nicht gelingt, die gesamte Drüse auf einmal zu entfernen, stellen Sie sicher, dass Sie alle verbleibenden Drüsenstücke entfernen – das sind die hellen, orange-gelben Teile, die möglicherweise kleine Mengen Öl absondern. Wenn Sie Öl am Messer bemerken, wischen Sie es ab, bevor Sie fortfahren.

Entfernen von Kopf und Hals

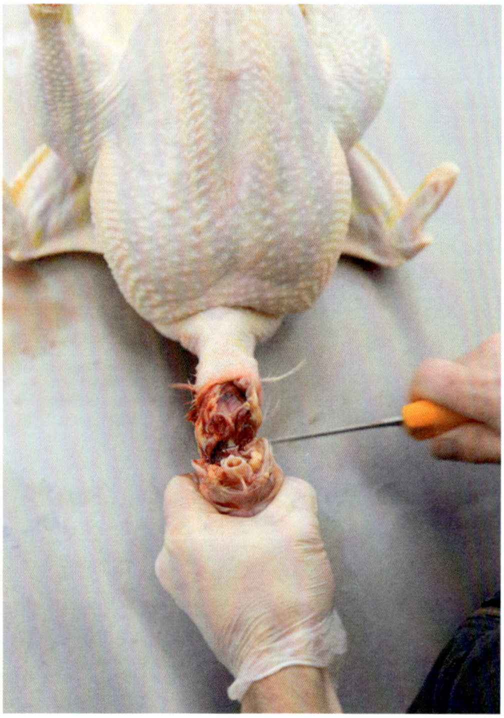

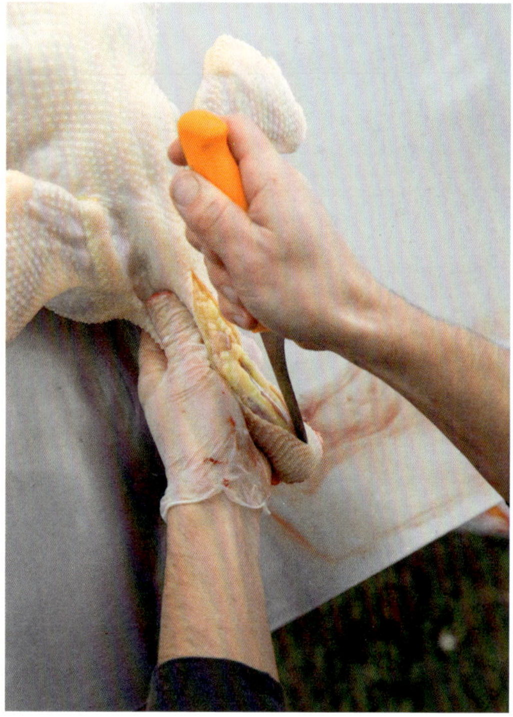

1. **ENTFERNEN SIE DEN KOPF.** Durchtrennen Sie die Muskeln zwischen Schädelbasis und Atlasgelenk, um den Kopf zu entfernen. Versuchen Sie nicht, ihn mit dem Messer durchzusägen (beim Kampf Messer gegen Knochen verliert das Messer ganz klar), sondern schneiden Sie um den Hals herum bis zum Knochen. Sobald die Muskeln durchtrennt sind, sollte sich der Schädel durch eine kurze Drehung leicht vom Hals trennen lassen.

2. **SCHNEIDEN SIE ENTLANG DES HALSES.** Mit der Messerspitze setzen Sie mit der Klinge nach oben hinten am Hals einen flachen Schnitt den gesamten Hals entlang, beginnend an der Verbindung zur Schulter und bis zur Stelle, wo sich der Kopf befand.

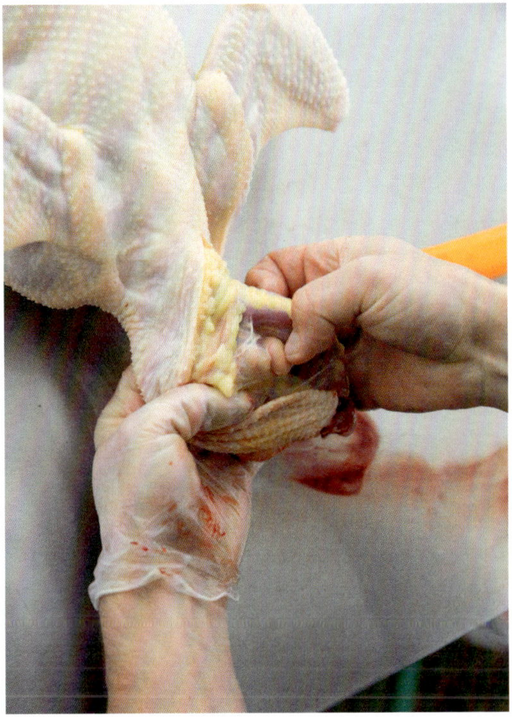

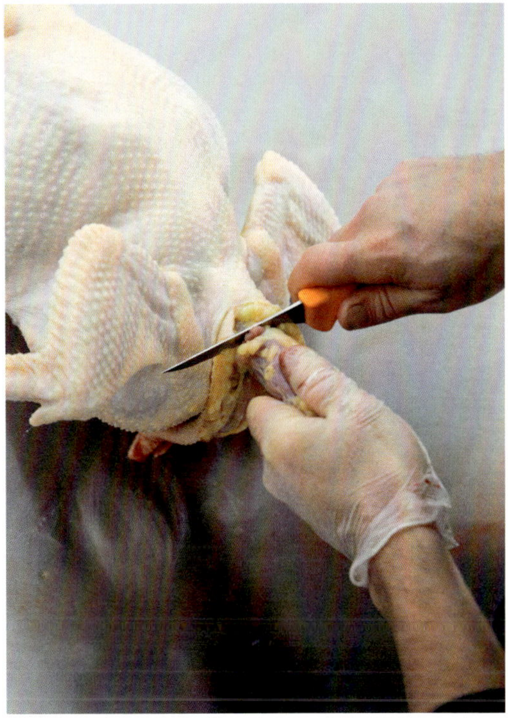

3. **ZIEHEN SIE DIE HAUT VOM HALS AB.** Halten Sie die Haut an Speiseröhre und Luftröhre (Brustseite des Halses) fest.

4. **TRENNEN SIE DIE HALSMUSKELN AB.** Suchen Sie den Halsansatz und durchtrennen Sie die Muskeln – auch hier sollten Sie nicht sägen, sondern den Muskel durchtrennen und den Knochen dabei kaum berühren.

Weiter auf der folgenden Seite

Entfernen von Kopf und Hals WEITER

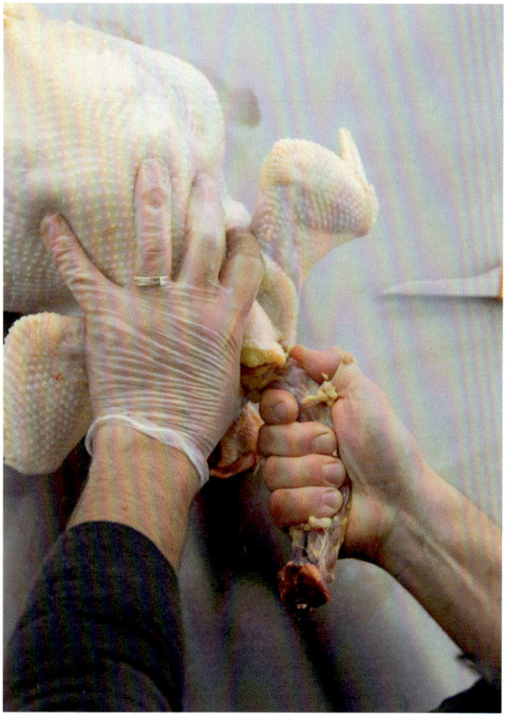

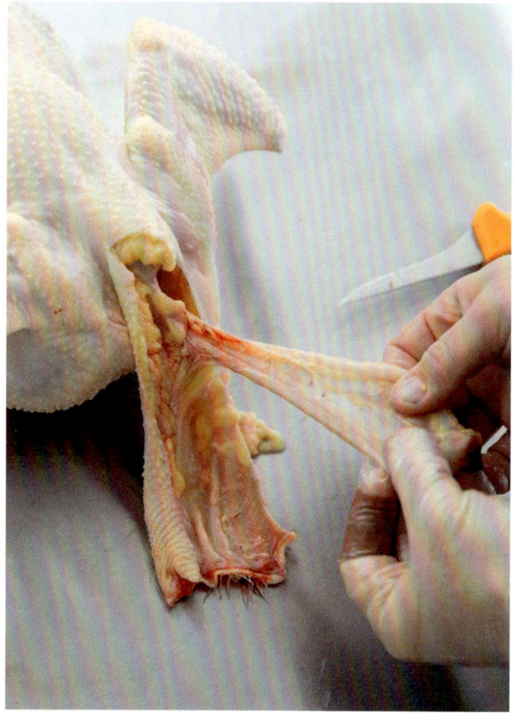

5. **DREHEN SIE DEN HALS AB.** Halten Sie das Huhn mit einer Hand, greifen Sie den Hals mit der anderen und drehen Sie ihn mit einer vollen Drehung ab. Bewahren Sie den Hals für eine Brühe auf.

6. **ZIEHEN SIE DIE HAUT AB.** Trennen Sie Speiseröhre und Luftröhre vom Hautlappen, der den Hals bedeckt. Wenn der Vogel ganz bleiben soll, lassen Sie die Haut intakt; andernfalls entfernen und entsorgen Sie sie.

Abtrennen von Luftröhre, Speiseröhre und Kropf

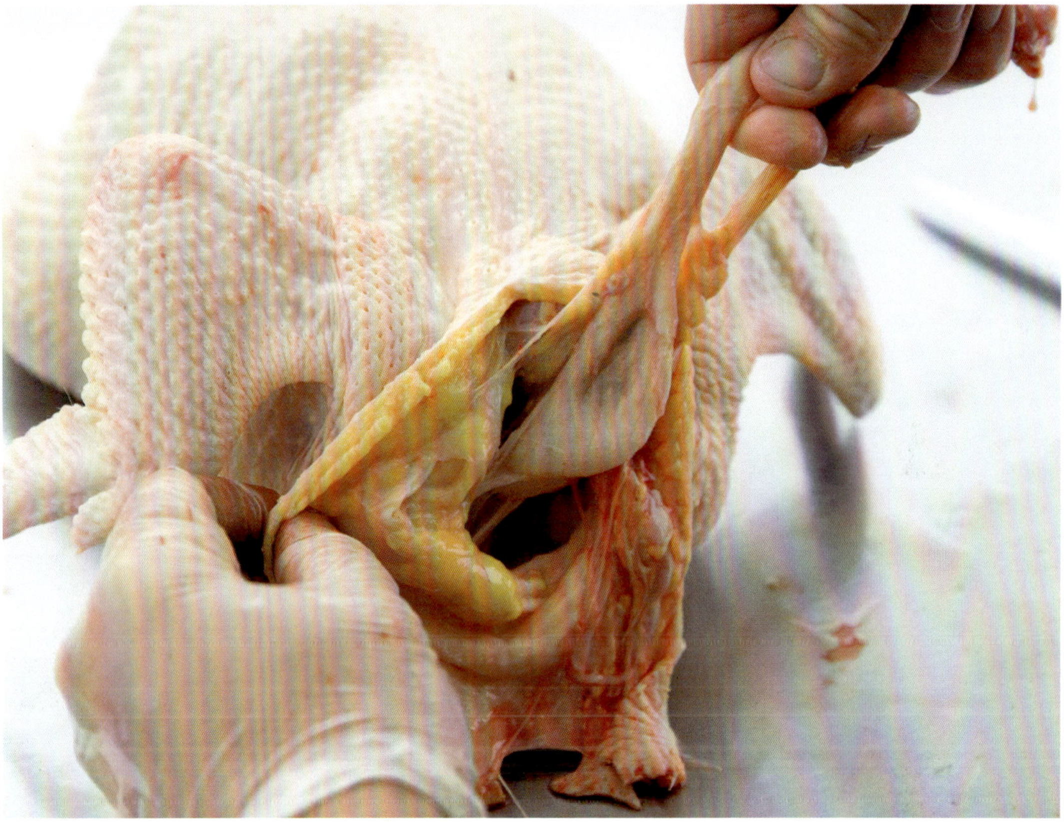

Der Kropf sollte relativ leer sein, da der Vogel vorher nicht gefüttert wurde, doch oftmals ist er schwer zu erkennen.

Folgen Sie der Luftröhre und trennen Sie mit der Hand den Nahrungsweg von der Haut bis zu der Stelle, an der die Körperhöhle beginnt. Suchen Sie den Kropf. Er ist die vergrößerte Aussackung, die das Futter aufnimmt, bevor es in die Körperhöhle des Vogels gelangt.

Lassen Sie Speiseröhre, Luftröhre und Kropf locker und getrennt. Durch den leeren und abgetrennten Kropf können diese Teile zusammen mit den restlichen Eingeweiden später durch das hintere Ende entfernt werden.

Ist der Kropf noch gefüllt, merken Sie das. Wenn Sie ihn aber durch das hintere Ende ziehen, kann es passieren, dass er reißt und sein Inhalt in das Innere des Vogels gelangt. Ist der Kropf gefullt, lösen Sie ihn mit der Hand von der Haut, schneiden Luft- und Speiseröhre kurz unter dem Kropf durch und werfen Sie das ganze Bündel weg.

Wenn Sie versehentlich einen gefüllten Kropf aufbrechen, wenn Sie ihn von der Haut trennen, brechen Sie nicht in Panik aus – das ist nur unverdaute Nahrung. Entfernen Sie Luft- und Speiseröhre sowie den Kropf. Spülen Sie das Tier anschließend gründlich aus und achten Sie dabei darauf, dass kein Wasser in die Körperhöhle eindringt.

Entfernen der Kloake und des Dickdarms

Während des Ausnehmens müssen Sie in erster Linie darauf achten, dass sich die Fäkalien nicht verbreiten. Vermeiden Sie Druck auf den Bauch, der wiederum Druck auf Därme und Blase ausübt, wodurch Kot und Urin auslaufen. Das Ausnehmen von Geflügel beginnt mit der sicheren Entfernung der Kloake (Anus). Denken Sie daran, dass die Bauchhöhle so lange luftdicht abgeschlossen und nicht kontaminiert ist, bis wir die Auskleidung durchstoßen. Seien Sie bei den ersten Schnitten vorsichtig.

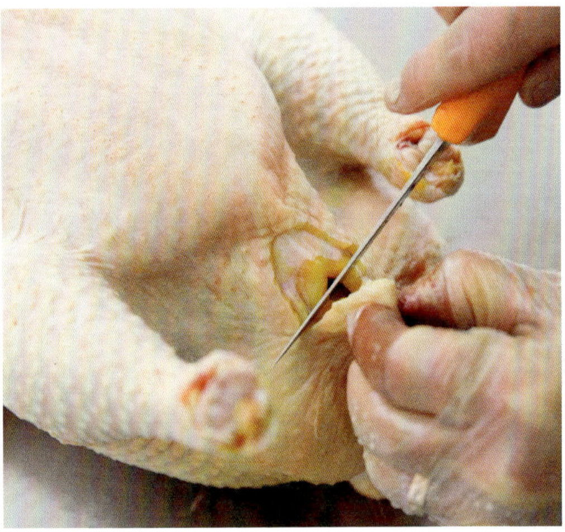

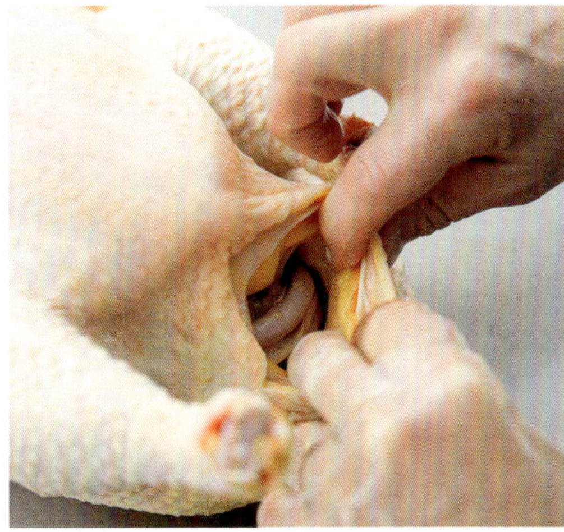

1. **ÖFFNEN SIE DIE KÖRPERHÖHLE.** Legen Sie den Vogel mit der Brustseite nach oben auf den Tisch. Achten Sie auf die Lage der Kloake. (Wenn Sie den Vogel vor der Schlachtung noch gefüttert haben, sollten Sie besonders vorsichtig vorgehen, um eine Kontamination durch Fäkalien zu vermeiden, denn die empfindlichen Därme werden höchstwahrscheinlich noch gefüllt sein). Schneiden Sie einen kleinen Teil der Haut etwa fünf Zentimeter oberhalb der Kloake ein und halten Sie die Haut darunter straff gespannt, damit sie sich leichter schneiden lässt. Setzen Sie 2,5 Zentimeter oberhalb der Kloake einen flachen, fünf Zentimeter breiten waagerechten Schnitt. So wird die darunterliegende Fettschicht freigelegt und es entsteht eine kleine Öffnung in der inneren Körperhöhle.

2. **VERGRÖSSERN SIE DIE KÖRPERHÖHLE.** Führen Sie vorsichtig einige Finger ein und vergrößern Sie die Öffnung. (Bei einem vollen Darm können Fäkalien aus der Kloake austreten. Dann sollten Sie direkt aufhören. Spülen Sie das Äußere des Vogels mit kaltem Trinkwasser ab. Das Wasser sollte dabei nicht in die Körperhöhle gelangen. Spülen Sie Ihre Arbeitsfläche gründlich ab, bevor Sie weiterarbeiten.)

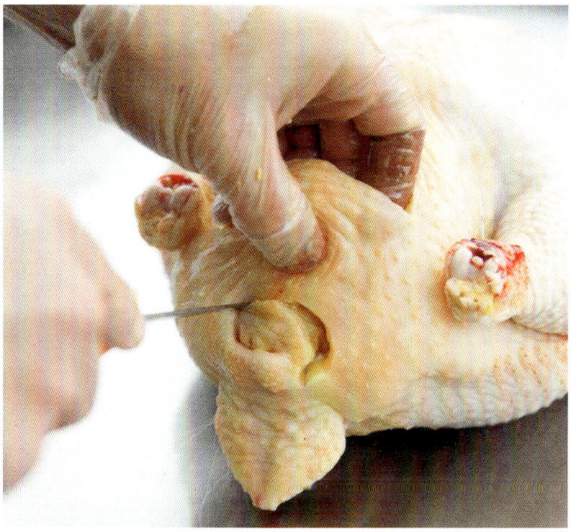

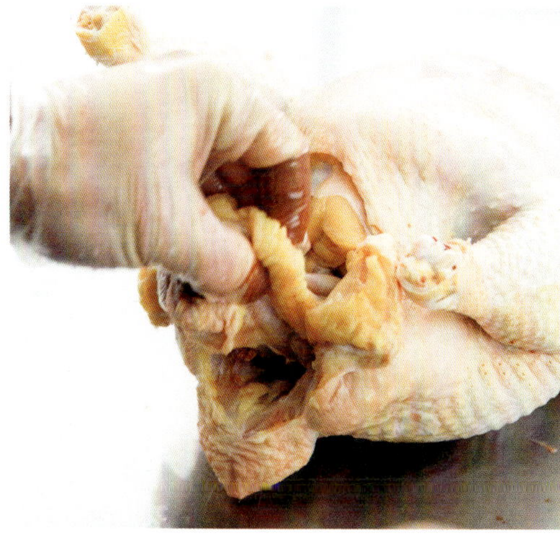

3. **TRENNEN SIE DIE KLOAKE AB.** Halten Sie die Haut um die Kloake herum straff gespannt und schneiden Sie sie mit einem flachen Schnitt rundherum vollständig ab. (Schneiden Sie nicht zu tief.) Verbinden Sie den Kloakenschnitt mit der Öffnung der Körperhöhle.

4. **ZIEHEN SIE KLOAKE UND DÄRME HERAUS.** Ziehen Sie Kloake und den daran befestigten Dickdarm vorsichtig aus der Körperhöhle. Wenn die Kloake entfernt ist, kontrollieren Sie, ob die Öffnung groß genug ist, dass eine Hand hineingreifen kann. Die benötigte Größe ist vermutlich kleiner als Sie denken. Eine kleinere Öffnung ist meist besser, kann sie bei Bedarf immer noch vergrößert werden.

Entfernen der Eingeweide

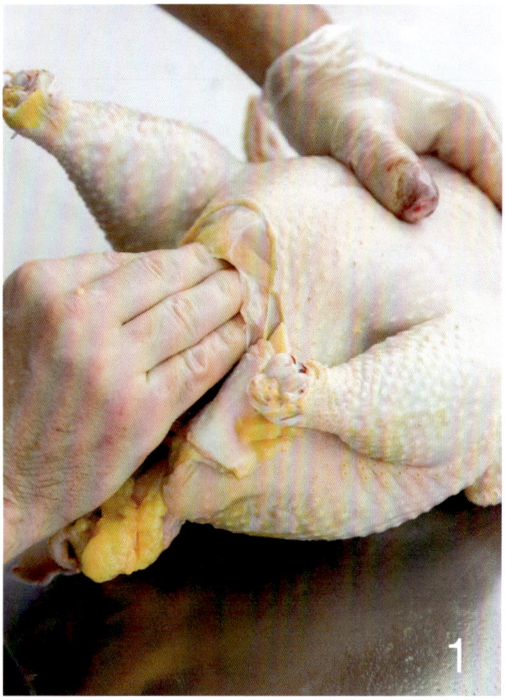

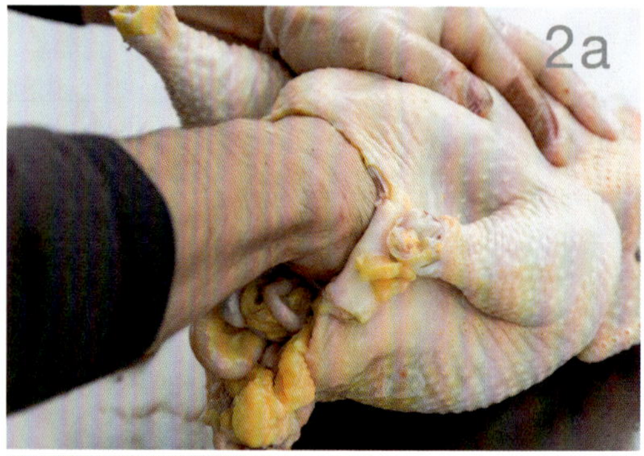

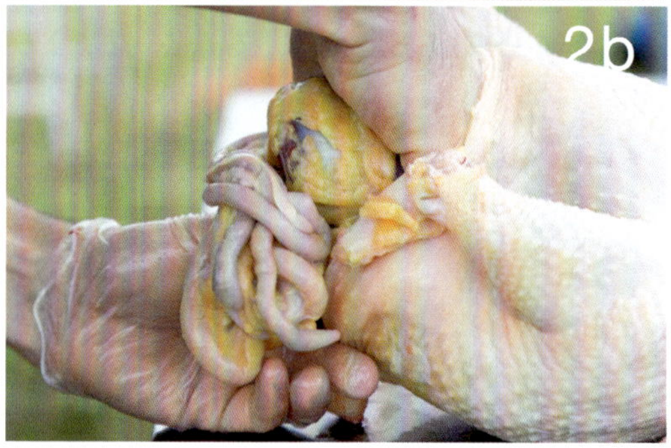

1. **FIXIEREN SIE DEN VOGEL.** Legen Sie eine Hand nah an die Schultern und üben Sie nicht zu viel Druck auf die Körperhöhle aus. Versuchen Sie, mit der anderen Hand die Wölbung der inneren Körperhöhle nachzubilden.

2. **FÜHREN SIE IHRE HAND IN DIE KÖRPERHÖHLE EIN.** Drücken Sie die Oberseite Ihrer Finger von innen gegen das Brustbein und reißen Sie alle Verbindungen ab, auf die Sie stoßen. Gehen Sie langsam vor, und sobald Sie die Vorderseite erreicht haben, krümmen Sie Ihre Finger und ziehen sie zurück, um die Eingeweide zu entfernen. Quetschen Sie dabei nichts, da dies zu einer Verunreinigung durch eine gerissene Gallenblase oder einen gerissenen Darm führen kann. Bilden Sie stattdessen mit Ihrer Hand eine klauenartige Sperre und ziehen Sie die Eingeweide heraus, während Sie dabei alle Verbindungen in der Körperhöhle zerreißen. Möglicherweise müssen Sie einige Male in den Körper greifen, um das gesamte Verdauungssystem und weitere Eingeweide zu entfernen.

Sie müssen nun die Lungen herausnehmen. Es gibt insgesamt vier, die jeweils zwischen den Wirbelrippen eingebettet liegen. Manchmal müssen Sie mehrere Versuche starten, um alle zu entfernen. Verwenden Sie dafür ein Werkzeug. Mit etwas Geschick und Übung lassen sie sich aber auch leicht mit den Fingern herausziehen.

Gehen Sie noch ein letztes Mal in die Körperhöhle, um Reste aufzustöbern – Keimdrüsen, Eierstöcke und Nieren sind Teile, die leicht übersehen werden.

TRENNEN VON ESSBAREN INNEREIEN

Die meisten Geflügelorgane sind essbar und sollten nicht direkt weggeworfen werden. Unsere kulturelle Tradition bestimmt maßgeblich, welche Teile wir für den Verzehr aufbewahren und welche wir als ungenießbar oder Abfall betrachten. Drüsen und andere innere Organe, die wir essen, werden gemeinhin als Innereien bezeichnet. Die Organe, die Sie nicht essen wollen, können gemahlen als natürliches Hundefutter verwertet werden, ein Produkt mit Mehrwert für diejenigen, die noch mehr Einnahmen aus dem Schlachtkörper erzielen wollen. Alle Organe, die später verwendet werden sollen, werden aus dem gerupften Huhn entfernt, gereinigt und direkt eingefroren. (Weitere Informationen zum Einfrieren von Organen finden Sie auf Seite 148.) Halten Sie während der Verarbeitung einen lebensmittelechten Behälter mit Eiswasser zum Abspülen und Aufbewahren der essbaren Innereien bereit.

Die am häufigsten verzehrten Innereien sind Herz und Leber. Diese Organe werden meist bei allen Tieren aufbewahrt und sogar einzeln als weitere Einnahmequelle verkauft. Der Muskelmagen ist ein Standardgericht bei Innereien. Beim Schlachten von Legehennen stoßen Sie vielleicht auf unentwickeltes Eigelb, aus dem noch ein Ei werden sollte. Bewahren Sie die größeren Eigelbe auf (damit sie nicht durchstochen werden) und verwenden Sie sie für schmackhafte Nudelgerichte oder herzhafte Pasteten. Kurzum, ich möchte Sie ermutigen, einen Weg zu finden, so wenig wie möglich zu verschwenden.

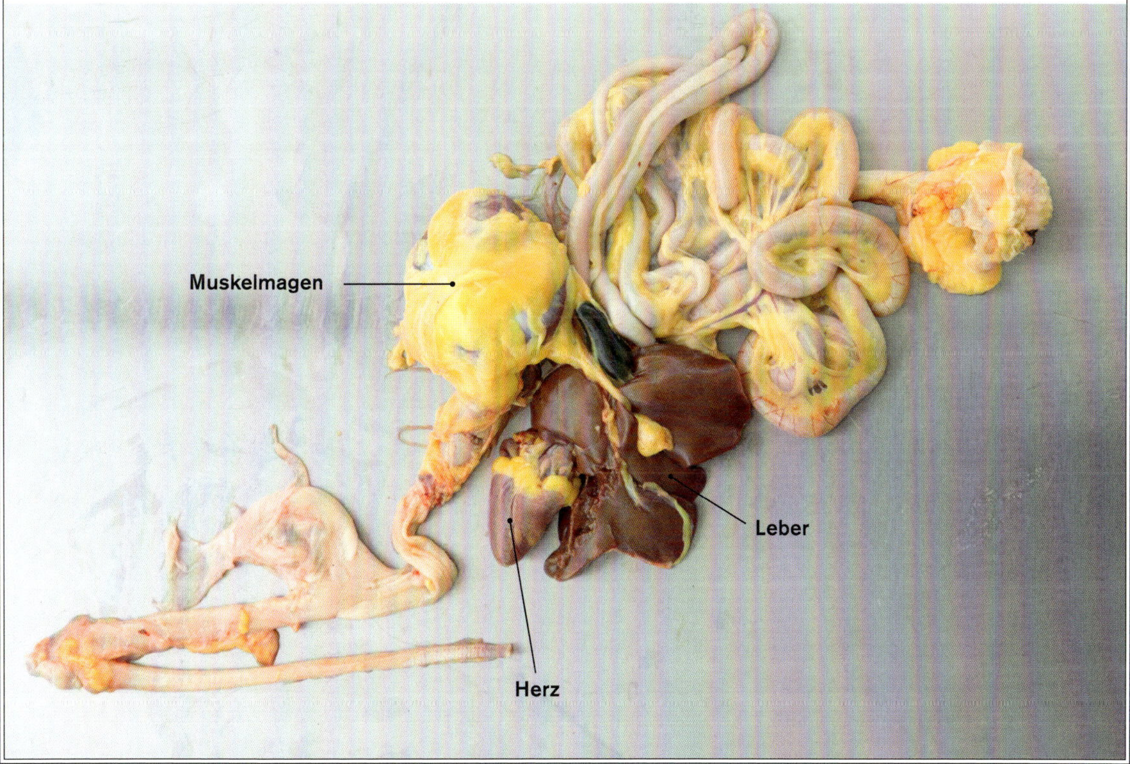

Kühlen des Schlachtkörpers

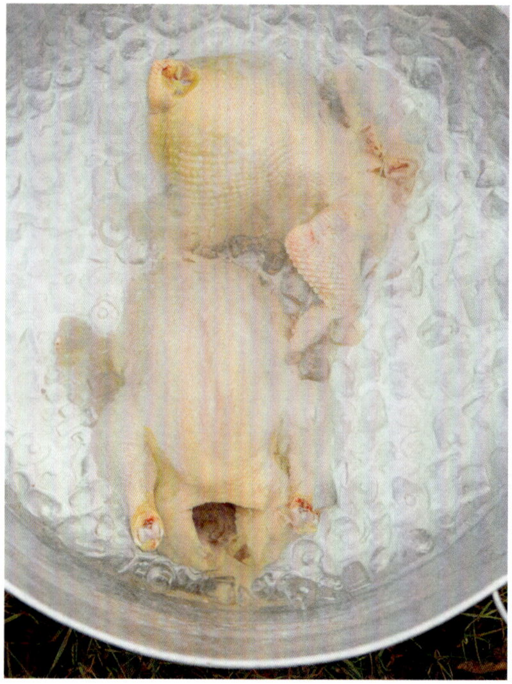

1. **SPÜLEN SIE DEN VOGEL AB.** Nach dem Ausnehmen spülen Sie den Vogel von innen und außen gründlich ab. Am besten ist es, wenn Sie die Körperhöhle innen vom Hals aus abspülen, da das Wasser so leicht aus dem Schwanzende ablaufen kann. Wie auch immer Sie es machen, stellen Sie sicher, dass die Außenseite sauber ist und die Innenteile gut ausgespült sind.

2. **LASSEN SIE DEN VOGEL ABKÜHLEN.** Legen Sie den Vogel in einen Behälter mit eiskaltem Wasser. Wenn er in den Kühlbehälter kommt, muss seine Innentemperatur zwischen 40 und 42 Grad liegen, je nachdem, wie lange die Verarbeitung gedauert hat. Achten Sie darauf, dass die Behälter groß genug sind, damit Sie alle Schlachtkörper vollständig untertauchen und das auf Seite 30 empfohlene Verhältnis von Eis und Fleisch einhalten können. Wenn Sie zu viele heiße Vögel in den Behälter legen, werden Sie überrascht sein, wie schnell die Wassertemperatur ansteigt, wodurch die Schlachtkörper langsamer abkühlen und mehr Wasser aufnehmen.

Trocknung und Reifung

Sechzig Minuten, nachdem Sie den letzten Vogel in den Kühlbehälter gelegt haben, können Sie mit der Reifung beginnen. Durch die Reifung wird die Qualität des Fleisches erhöht, bevor es weiterverarbeitet oder eingefroren wird. Für die Reifung in der Kühlung trocknen Sie die Vögel, bei der Reifung im Kühlbehälter werden sie für die Dauer des Reifeprozesses untergetaucht und erst dann getrocknet. Nachdem die Hühner gereift sind, verpacken Sie sie im Ganzen oder verarbeiten und verpacken Sie sie als Teile. Ausführliche Anleitungen zum Zerlegen finden Sie in Kapitel 5. Sie können die Vögel in ihrer endgültigen Verpackung reifen lassen, aber das Produkt wird um vieles besser, wenn es an der Luft reift.

Trocknen der Vögel

Je trockener die Hühner zum Reifen und Verpacken sind, desto besser. Weniger Wasser in den Beuteln bedeutet weniger Feuchtigkeit, weniger mikrobielles Wachstum und eine trockenere Haut (die sich besser braten und rösten lässt). Es gibt verschiedene Möglichkeiten, die Trocknung zu fördern. Nehmen Sie die Vögel aus dem kühlenden Wasserbad und lassen Sie das überschüssige Wasser abtropfen. Setzen Sie die Hühner anschließend auf ein Trockengestell oder auf ein großes mit Metallgitter ausgelegtes Backblech und lassen sie einige Minuten abtropfen. Ein starker Ventilator beschleunigt den Prozess.

Jedes Gestell, das desinfiziert werden kann und an dem Vögel abtropfen können, ist zum Trocknen geeignet.

Reifemethoden

Wenn Sie über den nötigen Kühlraum verfügen, um alle verarbeiteten Vögel auf Gestelle zu legen, dann bringen Sie die Hühner unbedeckt in den Kühlraum. Lassen Sie sie mindestens 6 Stunden (besser 12 bis 24 Stunden) dort liegen, damit sie sich „setzen" können. Ein Prozess, bei dem die Haut des Vogels teilweise trocknet und sich strafft. Dies ist die ideale Art, um Geflügel reifen zu lassen, vor allem wenn es im Ganzen verkauft oder gebraten wird.

Wenn Sie ein großes Kühllager für Ihre Vögel haben, aber keine Gestelle, dann können Sie die Schlachtkörper in offene Beutel packen. Nachdem das überschüssige Wasser abgetropft ist, tupfen Sie die Vögel mit Papier- oder Stoffhandtüchern trocken, stopfen die Körperhöhle der Karkasse mit trockenen Papiertüchern aus und legen die Vögel in Plastikbeutel, die Sie für Verkauf oder Lagerung verwenden – das kostet nicht viel. Legen Sie sie anschließend in den Kühlraum, wo die Beutel 12 bis 24 Stunden lang offen liegen bleiben. So kann ein Teil der Feuchtigkeit verdunsten, während die Muskeln weiter reifen. Entfernen Sie die Papiertücher aus der Körperhöhle, bevor Sie die Karkassen endgültig verpacken.

Wenn Sie keinen Kühlraum haben, um die Vögel vor dem Schlachten oder Einfrieren 24 Stunden zu lagern, lassen Sie sie mindestens 4 Stunden (besser noch 6 bis 8 Stunden) in der Kühlwanne ruhen und stellen Sie sicher, dass die Wassertemperatur konstant unter 4 Grad liegt. Zwar kann sich dadurch die Wasseraufnahme erhöhen, aber dafür wird das Fleisch zarter und der Schlachtkörper ist von besserer Qualität.

ERST REIFEN, DANN EINFRIEREN

Um qualitativ hochwertiges Fleisch zu erzeugen, müssen Sie sorgfältig planen und jede Phase des Hühnerlebens, der Schlachtung und der Lagerung im Auge behalten. Selbst wenn Tiere unter idealen Bedingungen aufgezogen und geschlachtet werden, kann die Endqualität des Fleisches dennoch beeinträchtigt werden, wenn es hinterher nicht richtig gelagert wird. Kühlen Sie die Schlachtkörper direkt nach der Schlachtung, um das Wachstum gefährlicher Mikroben zu verhindern, die Verderb und Krankheiten fördern. Je schneller die Kühlung einsetzt, desto geringer das Bakterienwachstum.

Wenn Sie den Schlachtkörper zu schnell abkühlen, wird das Fleisch unglaublich zäh. Wird Fleisch eines frisch geschlachteten Huhns eingefroren, bevor die Totenstarre einsetzt, kommt es zu einem Prozess, der Taurigor genannt wird. In diesem Fall wird die letzte Phase der Totenstarre nicht abgeschlossen und die Muskeln (und ihre Fasern) können sich noch zusammenziehen. Wenn das Fleisch wieder auftaut, erwachen die Muskeln (gewissermaßen) wieder zum Leben und die Fasern ziehen sich stark zusammen, wodurch das Fleisch seine Zartheit verliert und Feuchtigkeit herausgepresst wird. Aus diesem Grund sollten Sie Ihre Vögel erst nach dem Reifen zur längeren Aufbewahrung in den Gefrierschrank legen.

Der Reifeprozess des Schlachtkörpers

Die Wirkung des Todes auf einen Körper ist bemerkenswert. Der plötzliche Stillstand des Kreislaufsystems unterbricht die gesamte Sauerstoffzufuhr, sodass die aeroben Zellen nicht mehr mit Nahrung versorgt werden und Zellschäden sowie eine chemische Umwandlung auftreten. Enzyme und Bakterien bewegen sich durch den schutzlosen Schlachtkörper und zerstören gnadenlos seine Struktur. Fett- und Aminosäuren werden zersetzt. Es mag seltsam erscheinen, aber unter den richtigen Bedingungen verwandelt dieses natürliche Verfahren vormals lebendes Gewebe in schmackhaftes Fleisch. Diesem Zeit zum Reifen zu geben, um so den Auswirkungen der Totenstarre entgegenzuwirken, ist Teil dieses Prozesses.

Totenstarre

Kurz nach der Tötung eines Huhns (30 bis 60 Minuten) setzt der *Rigor mortis* (lateinisch für „Totenstarre", „Leichenstarre") ein. Dies ist nichts anderes als die Versteifung der Muskeln durch die Unterbrechung der chemischen Reaktionen, die zu einer Entspannung der Muskeln führt. Wenn Sie das Tier während der Totenstarre schlachten, kochen, einfrieren oder etwas anderes damit vorhaben, wird Ihr Vorhaben von Misserfolg gekrönt sein. Zusammengezogene Muskeln haben kürzere, dickere Fasern und sind nicht so weich. Dieser Effekt ist bei den Muskeln zerlegter Schlachtkörper vor dem Einsetzen der Totenstarre noch stärker ausgeprägt. (Fazit: Warten Sie mit dem Zerlegen Ihrer Vögel bis nach der Reifung.)

Reifung

Schmackhaftes Fleisch ist das Ergebnis einer guten Reifung des Schlachtkörpers, die den Folgen der Totenstarre entgegenwirkt, nachdem das Tier verantwortungsvoll geschlachtet wurde. Nach dem Tod eines Tieres beginnen die Enzyme im Körper mit dem Abbau des Körpergerüsts, ein Prozess namens Proteolyse. Dieser umfasst auch Strukturen, die die Muskeln in einem kontrahierten Zustand halten. Mit der Zeit haben diese Enzyme genug Strukturen abgebaut, um die Folgen der Totenstarre aufzuheben, und zartes Fleisch produziert. Genau das ist, kurz gesagt, die Essenz des Reifungsprozesses.

Je länger Sie mit der Verarbeitung des Fleisches warten, desto mehr Muskelstrukturen brechen durch die Enzymaktivität zusammen und desto zarter wird das Produkt. Das Fleisch verrottet buchstäblich, und zwar unter sehr kontrollierten Bedingungen. Die Aktivität der Enzyme nimmt mit der Temperatur zu und verdoppelt sich alle 10 Grad, doch gleichzeitig entwickeln sich auch mehr schädliche Mikroben. Wir können die Reifung beschleunigen, indem wir die Temperatur erhöhen, aber es empfiehlt sich abzuwarten und das Fleisch zwischen 0 und 3 Grad zu lagern. Bei diesen Temperaturen hält das Wüten der Enzyme an, es wird allerdings langsamer, und das Fleisch ist sicher. Wenn die Temperatur des Fleisches jedoch unter 2 Grad sinkt, besteht die Gefahr, dass es gefriert und die Proteolyse sich bis zur Bedeutungslosigkeit verlangsamt.

Je länger ein Metzger mit der Verarbeitung des Fleisches wartet, desto mehr Muskelstrukturen brechen durch die Enzymaktivität zusammen und desto zarter wird das Produkt.

Gibt man ihnen ausreichend Zeit, bauen die Enzyme genügend kontraktile Strukturen im Muskel ab, um die Struktur der Kontraktion und die Wirkung der Totenstarre aufzuheben, was die Muskeln entspannt und das Fleisch zarter werden lässt. Außerdem lösen bestimmte Enzyme Vernetzungen und Fasern innerhalb des Bindegewebes auf – ein weiterer Vorteil, der zu zartem Fleisch führt. Heraus kommt Kollagen, das beim Kochen leichter hydrolysiert, sodass mehr Gelatine produziert wird und das Fleisch mehr Saftigkeit bekommt. Die geschwächten Kollagenstrukturen verhindern auch, dass die Muskelfasern beim Kochen gequetscht werden, was den übermäßigen Feuchtigkeitsverlust stoppt. Nebenprodukt dieses enzymatischen Zartmachens ist ein breites Spektrum an aufgespaltenen Proteinen und Molekülen – eine tolle Sache für unseren Gaumen. Ehemals fade Fette, Proteine und andere Moleküle werden in aufgespaltene und geschmacksintensive Verbindungen umgewandelt.

Reifung an der Luft

Gereiftes Fleisch wird insgesamt zarter, aber es gibt weitere positive Auswirkungen, je nach Luftstrom und Luftfeuchtigkeit am Lagerort des Fleisches. Bei einer Methode, der sogenannten Trockenreifung, verdunstet das Wasser aus dem Fleisch, wodurch oftmals das Ursprungsgewicht um bis zu 20 Prozent reduziert wird. Durch den Wasserentzug schrumpfen Muskelfasern und dadurch auch die Größe des Fleischstücks. Die schmackhaften, wasserlöslichen Eiweißfragmente werden konzentriert und der Geschmack des Fleisches verstärkt sich.

Bei der Trockenreifung werden Temperatur, Feuchtigkeit und Luftstrom sorgfältig kontrolliert. Die Luftfeuchtigkeit bleibt konstant bei 70 bis 80 Prozent, sodass das Fleisch langsam trocknet. Ist die Luftfeuchtigkeit zu niedrig, verliert das Fleisch zu schnell Feuchtigkeit und es wird trocken und ungenießbar. Ist die Feuchtigkeit zu hoch, bleibt sie auf der Fleischoberfläche – das Fleisch wird schneller gammelig und es entwickeln sich Mikroben. Die Luft muss um das Fleisch zirkulieren können, um das Feuchtigkeitsgleichgewicht aufrechtzuerhalten und die Verdunstung zu fördern. Damit die Luft an alle Fleischteile gelangt, hängen Fleischverarbeiter die Schlachtkörper an Schienen auf und lagern die Teilstücke auf perforierten Regalen, während Hochgeschwindigkeitslüfter für eine gleichmäßige Luftströmung sorgen.

Die Trockenreifung bei Geflügel ist kein echtes Thema und Sie werden im Handel selten trockengereiftes Geflügel finden. Hier hat die Hausverarbeitung deutliche Vorteile –

Eigenproduzenten können experimentieren. Hühner, die mehrere Tage trockengereift werden, zeigen verschiedene Vorteile. Da wir zum einen nur Vögel mit Haut trockenreifen lassen, wird verhindert, dass das Fleisch des Hühnchens zu trocken wird. Noch wichtiger ist, dass die Haut selbst trocknet und schrumpft. So wird zum Beispiel ein ganzes Brathähnchen noch knuspriger und köstlicher. Zudem zieht die Trockenreifung einem im Wasserbad gekühlten Schlachtkörper überschüssige Feuchtigkeit aus den Muskeln, sodass das Fleisch noch intensiver schmeckt.

Die Dauer der Reifung hängt von einigen Faktoren ab, unter anderem von der Größe und dem Alter des Vogels sowie der Umgebungstemperatur während der Reifung. Je größer und älter der Vogel und je kälter die Umgebung, in der er reift, desto länger können Sie das Fleisch reifen lassen. Beginnen Sie mit einem Zeitfenster von drei bis sieben Tagen und arbeiten Sie sich dann schrittweise vor. Wenn Sie sich Sorgen um die Lebensmittel-Sicherheit bei der Trockenreifung von Hühnern mit Haut machen, nehmen Sie sich die Zeit, die Karkassen vor der Reifung für ein paar Sekunden in kochendem Wasser zu blanchieren. So werden Krankheitserreger an der Oberfläche abgetötet.

Reifung in einem Beutel

Meistens werden kommerzielle Hühner in Wasserbädern oder luftgekühlten Kühlern auf sichere Temperaturen heruntergekühlt und in Beutel verpackt. Dort findet dann die echte Reifung statt – in gekühlten Transportcontainern, in Supermarktkisten und anderen sicheren Lagermöglichkeiten.

Während das in Beuteln verpackte Fleisch transportiert wird, übernehmen die Enzyme die Arbeit und beginnen, die Proteine abzubauen und die Muskeln zart zu machen. Wenn ein Kunde die verpackten Karkassen kauft, kann er sie entweder weiter lagern und reifen lassen oder sie zerlegen. Hierbei spricht man von der Nassreifung, durch die das Fleisch genauso zart wird wie bei der Trockenreifung. Bei der Nassreifung reift das Fleisch in einer hermetisch abgeschlossenen Umgebung, um Mikroben abzuwehren und Oxidation oder Feuchtigkeitsverlust vorzubeugen. Lediglich die Temperatur muss kontrolliert werden, nicht aber die Luftfeuchtigkeit oder der Luftstrom, sodass die Kosten für Ausrüstung und Platz hierbei geringer sind. Außerdem gibt es nur minimale Produktverluste, was wiederum das Verkaufsgewicht maximiert.

Der Nachteil der Nassreifung ist die fehlende Geschmacksverbesserung oder -entwicklung. Das Fleisch reift in einem Beutel, liegt tagelang in seinen eigenen Säften und Schlacken. Das Fleisch ist viel wässriger als trockengereiftes Fleisch. Die Haut kann nicht trocknen und wird später beim Rösten oder Braten auch nicht so knusprig. (Das können Sie ausgleichen, indem Sie einen nassgereiften Schlachtkörper vor dem Braten einige Tage im Kühlschrank trocknen.) Trotz dieser Nachteile ist die Nassreifung aufgrund des minimalen Gewichtsverlusts und der praktischen Handhabung zum Standard in der modernen Fleischverarbeitung geworden, da es dieser Branche vor allem um Geschwindigkeit und Masse geht.

Verarbeiten der Innereien

Die essbaren Teile der Eingeweide sind Füße, Muskelmagen, Herz und Leber. Sie können Hühnerfüße (und Hälse oder Knochen, wenn Sie ganze Hühner entbeinen) für eine Hühnerbrühe verwenden. Muskelmägen werden in landestypischen Küchen weltweit verwendet, Herzen sind mariniert und gegrillt einfach köstlich, Lebern sind eine häufige Zutat für Pasteten und Mousses. Alle Innereien sollten Sie am besten kurz nach der Schlachtung einfrieren. Wenn Sie sie nicht selbst verwenden, finden Sie vielleicht jemanden, der sie Ihnen gerne abnimmt. So muss jedenfalls nichts weggeworfen werden.

Verarbeiten der Füße

Hühnerfüße sind eine oft übersehene, aber nützliche Zutat in herzhaften Hühnerbrühen. Spülen Sie aufbewahrte Hühnerfüße gut ab und entfernen Sie mit einer Bürste den Schmutz. Sie brauchen sie jetzt nicht zu schälen. Stattdessen frieren Sie sie in 500-Gramm- oder 1-Kilo-Beuteln ein und verarbeiten sie erst dann, wenn Sie sie verwenden.

Bevor Sie Hühnerfüße kochen, entfernen Sie die äußere schuppige gelbe Haut. Dazu erhitzen Sie einen großen Topf mit Wasser bis knapp unter den Siedepunkt. Legen Sie die Füße vorsichtig hinein und blanchieren Sie sie 20 bis 30 Sekunden. Geben Sie die Füße zum Abkühlen in eine Schüssel mit kaltem Wasser. Nun sollte sich die Haut leicht ablösen lassen. Ansonsten brühen Sie die Füße erneut 15 Sekunden lang und versuchen es erneut. Die Füße sollten nicht zu heiß verbrüht werden, sonst verschmilzt die Außenhaut mit den Füßen. Mit einem Messer oder einer Küchenschere können Sie die Krallen am ersten Knöchel abschneiden.

Verarbeiten des Muskelmagens

1. **SCHNEIDEN SIE DEN MUSKELMAGEN AUF.** So wird all das sichtbar, was Ihr Vogel als Nahrung betrachtet hat. Außerdem werden Sie Gastrolithen finden, kleine vom Vogel verschluckte Steine, mit denen im Muskelmagen die Nahrung zerkleinert wird, um sie besser verdaulich zu machen.

2. **ZIEHEN SIE DIE MAGENSCHICHT AB.** Spülen Sie den Muskelmagen aus, halten Sie dann die dunkelgelbe, derbe Schicht (besteht aus dem Proteinkomplex Koilin) fest und schälen Sie sie ab. Diese können Sie wegwerfen. Manchmal ist es etwas knifflig, den Rand der Magenauskleidung zu greifen. Dann versuchen Sie, diese zwischen Messerkante und Daumen zu fassen oder benutzen Sie ein Handtuch als Hilfe. Spülen Sie den Magen ein letztes Mal ab und bewahren Sie ihn für eine spätere Verwendung auf.

Verarbeiten des Herzes

Trennen Sie alle verbleibenden Gefäße am Herzen und am Perikard ab, dem Beutel, der das Herz umschließt. Drücken Sie das Herz zusammen, um darin befindliche Gerinnsel zu entfernen. Spülen Sie es gründlich ab und bewahren Sie es auf.

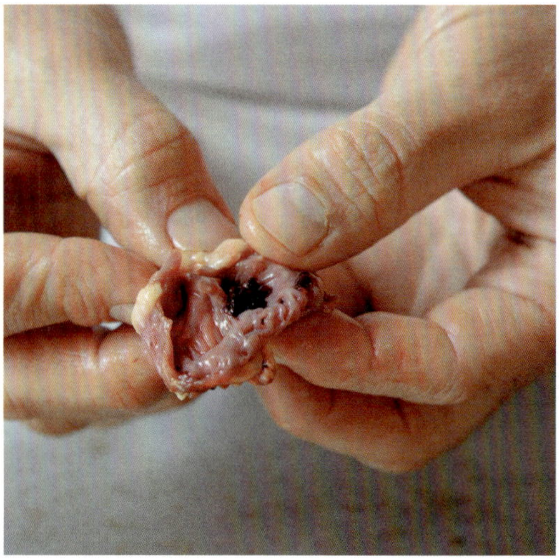

Verarbeiten der Leber

Die Leber muss kaum gereinigt werden, um schmackhaft zu sein. Sie müssen hauptsächlich die Gallenblase entfernen, um zu vermeiden, dass Galle auf das Organ oder den Schlachtkörper läuft. (Wenn doch Galle auf den Vogel gelangt, spülen Sie ihn innerhalb von 15 Sekunden ab, um eine dauerhafte Verfärbung des Fleisches und der Haut zu vermeiden). Zum Entfernen der Gallenblase klemmen Sie den Gallenblasengang am Übergang zur Leber ab und ziehen Sie den Gang langsam von der Leber in Richtung Gallenblase. Hartnäckige Gangverbindungen können Sie mit der Spitze eines Messers durchtrennen. Kontrollieren Sie die Leber auf Parasiten. Wenn Sie diese finden, müssen Sie die Leber entsorgen.

Aufräumen und Entsorgen der Reste

Es ist wichtig, dass Sie nach der Schlachtung gründlich saubermachen. Der Arbeitsbereich sollte frei von Blut, Eingeweiden oder anderem Material sein.

Entsorgen von Ungenießbarem

Beseitigen Sie zunächst die ungenießbaren Teile: Eingeweide, Blut und Federn. Es gibt unzählige Möglichkeiten, um Schlachtabfälle zu entsorgen, aber meist sind Kompost, Müll oder Tierkörperverwertung die beste Wahl. Werfen Sie tierische Abfälle nicht einfach weg und überlassen sie den Aasfressern. Dies erhöht das Risiko einer Übertragung von Krankheiten auf Ihrem Hof und gefährdet die Sicherheit des Wassers in der Umgebung, was wiederum nicht nur Ihrem Viehbestand, sondern auch Wildtieren und allen Haustieren in der Umgebung schadet. Außerdem werden Aasfresser angelockt.

KOMPOSTIEREN

Die Kompostierung ist bei Weitem die beste Wahl. Sie ist am billigsten und effektivsten und sorgt für einen nährstoffreichen Kompost. Sie benötigen Holzspäne, Sägemehl und anderes organisches Material, aber mit etwas Vorplanung sind die benötigten Materialien leicht zu beschaffen. Wenn Sie regelmäßig oder sogar halbjährlich Tiere verarbeiten, ist ein Komposthaufen auf jeden Fall hilfreich. Mit der richtigen Pflege kann er leicht erhalten bleiben.

MÜLL

Eine weitere Möglichkeit ist die Entsorgung von Ungenießbarem über die kommunale Müllabfuhr. Dies ist oft die einfachste Lösung für diejenigen, die mit Kleintieren oder geringen Abfallmengen zu tun haben. Erkundigen Sie sich zunächst bei Ihrer Stadt oder Ihrer Müllabfuhr, um sicherzustellen, dass Sie bestimmte Abfälle auch wirklich über den Müll entsorgen dürfen.

Verwertung

Höchstwahrscheinlich gibt es in Ihrer Gegend eine Tierkörperbeseitigungsanstalt, das Landwirten bei der Entsorgung von kranken Tieren, Plazentamembranen, Schlachtabfällen und anderen verwertbaren Stoffen hilft. Preise und Anforderungen für die Behandlung der Abfälle sind unterschiedlich. Kontaktieren Sie also rechtzeitig das Unternehmen, um die nötigen Vorkehrungen zu treffen, etwa Bereitstellen eines 200-Liter-Fasses für die Abfälle.

Arbeitsbereich und Werkzeuge

Ihr Arbeitsbereich sollte frei von Blut und anderen Abfällen sein, die Ungeziefer anziehen könnten, vor allem, wenn er sich in einem geschlossenen Raum befindet oder in der Nähe der zum Kühlen und Reifen aufgehängten Karkasse. Streuen Sie nach der Reinigung Sägemehl, um restliche Flüssigkeiten aufzusaugen. Sie können dieses später kompostieren oder entsorgen.

Waschen Sie die gesamte Ausrüstung gründlich mit heißem Wasser und Seife und desinfizieren Sie sie anschließend (Seite 48), bevor Sie sie einlagern. Trocknen Sie alles, was nicht aus rostfreiem Stahl ist, um Korrosion zu vermeiden. Trocknen Sie Messerstähle sofort nach der Reinigung mit einem Handtuch gründlich ab, um eine Rostbildung zu vermeiden. Andere Besteckteile lassen Sie an der Luft trocknen.

5

Zerlegen

Das Zerlegen ganzer Hühner ist ein fantastischer Einstieg in das Metzgerhandwerk, falls Sie sich dafür entscheiden sollten. Dank ihrer geringen Größe sind Hühner einfach zu handhaben. Meist werden mehrere (wenn nicht sogar Dutzende) Vögel geschlachtet, sodass sich die Arbeitsschritte stets wiederholen und Sie Technik und Abläufe verbessern können. Beim Zerlegen sind alle Grundaufgaben des Metzgers gefordert, vom Trennen der Gelenke über das saubere Schneiden bis zum Zuschneiden. Wenn Sie das gemeistert haben, werden Sie ein echtes Erfolgsgefühl verspüren und zufrieden auf die verpackten und küchenfertigen Teile und Karkassenreste für Brühen schauen und davon überzeugt sein, Ihre Schnitttechniken erfolgreich bei anderen Vogelarten anzuwenden.

Aufstellen eines Zerlegeplans

Die hier beschriebenen Techniken sind für jede Vogelart geeignet, die Sie verarbeiten möchten, obwohl unterschiedliche Größen und Arten ein teilweise unterschiedliches Vorgehen erforderlich machen. Sollten die Hühner noch Füße und Kopf haben, finden Sie auf den Seiten 78 und 80 Anleitungen zum richtigen Entfernen.

Sie sollten Ihre Vögel so verpacken, wie Sie sie später auch verwenden. Wenn Sie normalerweise Brüste und Keulen getrennt zubereiten, verpacken Sie diese auch getrennt. Sie braten niemals Hähnchenflügel? Verpacken Sie sie für eine Brühe. Sie mögen keine Haut? Entfernen Sie die Haut von allen Teilen (und heben Sie sie für Brühen auf). Ich weiß oftmals nicht im Voraus, wie ich was kochen werde, also variiere ich beim Verpacken. Meist packe ich ganze Hühner ein, taue dann auf, was ich brauche, und finde eine Verwendung für den Rest. Bei meinem Zerlegeplan achte ich darauf, dass ich die Teile mehrerer Schlachtkörper berücksichtige. Wenn ich also Rezepte für bestimmte Teilstücke habe, dann sorge ich dafür, dass ich einige Pakete mit Schenkeln oder Brüsten habe. Jede Verpackung sollte den in Kapitel 6 beschriebenen Grundregeln entsprechen: Sie sollte dicht gepackt und möglichst luftdicht sein, am besten vakuumiert oder in Folie eingeschweißt.

ZUSCHNITTÜBERSICHT FÜR GEFLÜGEL

Heutiges Datum: __________

ÜBERBLICK HEUTIGE VERARBEITUNG

Insgesamt verarbeitete Vögel: ______

Wie viele Vögel bleiben ganz: ______

Wie viele Vögel in Hälften geteilt: ______

Wie viele Vögel in Stücke: ______

Wie viele Vögel entbeint: ______

DETAILS DER VÖGEL

Standort: __________

Rasse: __________

Alter: __________

VERPACKUNGSSPEZIFIKATIONEN

Hälften	Menge/Paket: ____	Oberschenkel	Menge/Paket: ____	Hackfleisch	Menge/Paket: ____
Brüste	Menge/Paket: ____	Unterschenkel	Menge/Paket: ____	Wurst, lose	Menge/Paket: ____
Ganze Beine	Menge/Paket: ____	Flügel	Menge/Paket: ____	Wurst, verknüpft	Menge/Paket: ____

HÄLFTEN

☐ Mit Knochen — Gesamtmenge der Hälften: ______

☐ Entbeint — Gesamtmenge der Hälften: ______

STÜCKE

BRUST

☐ Ganz, mit Knochen — Gesamtmenge: ____

☐ Ganz, ohne Knochen — Gesamtmenge: ____

☐ Geteilt, mit Knochen — Gesamtmenge: ____

☐ Geteilt, ohne Knochen — Gesamtmenge: ____

BEIN

☐ Ganze Keule mit Knochen — Gesamtmenge: ____

☐ Ganze Keule, ohne Knochen — Gesamtmenge: ____

☐ Obor-/Unterschenkel, mit Knochen — Gesamtmenge:

☐ Ober-/Unterschenkel, ohne Knochen — Gesamtmenge: ____

HACKFLEISCH & WÜRSTE

☐ Hähnchenhackfleisch: ungewürzt — Menge: ___ Gramm

☐ Andouille: Würzige, geräucherte Wurst aus der Region Bayou — Menge: ___ Gramm — Verknüpft: ____ lose: ____

☐ Frühstück: Klassische Wurst mit Salbei und Gewürzen — Menge: ___ Gramm — Verknüpft: ____ lose: ____

☐ Italienisch: Klassiker mit Fenchel- und Knoblauch — Menge: ___ Gramm — Verknüpft: ____ lose: ____

☐ Pikant Italienisch: Würzige Variante des oberen Klassikers — Menge: ___ Gramm — Verknüpft: ____ lose: ____

INNEREIEN/KNOCHEN

☐ Lebern — Gramm/Paket: ______

☐ Herzen — Gramm/Paket: ______

☐ Muskelmagen — Gramm/Paket: ______

☐ Füße — Gramm/Paket: ______

☐ Rücken/Knochen — Gramm/Paket: ______

☐ Hälse — Gramm/Paket: ______

☐ Haut

Überlegungen zum richtigen Zerlegen

Um die Ausbeute beim Zerlegen des ganzen Huhns zu maximieren, müssen Sie im Voraus planen. Soll das Fleisch möglichst effizient gelagert werden, ist es wichtig, eine klare Vorstellung davon zu haben, wie Sie die Geflügelkarkasse zerlegen werden und wie viele Teile Sie in jedes Paket packen wollen. Unabhängig von der Größe des Tieres können Sie Ihre Arbeit am besten mit einem Zuschnittplan organisieren – ein einfaches Konzept, aber zugleich das wertvollste Werkzeug, um Verarbeitungsfehlern vorzubeugen. Es handelt sich im Wesentlichen um eine Schnittanweisung: Eine Anleitung zum Zerlegen der Karkasse ergibt sich von selbst, wenn Sie die benötigten Produkte festgelegt haben.

Sie können Ihren eigenen Zuschnittplan erstellen, indem Sie einfach jedes Teil des Huhns durchgehen und notieren, was Sie daraus herstellen wollen. Nachdem Sie dieses Kapitel durchgelesen haben, werden Sie wissen, welche Möglichkeiten es gibt und welche für Sie oder Ihre Kunden geeignet sind.

Füllen Sie Ihren Zuschnittplan mindestens einen Tag vor der geplanten Schlachtung aus, damit Sie Zeit haben, die Optionen zu überdenken und Änderungen vorzunehmen. Sobald Sie das Fleisch zugeschnitten haben, können Sie Ihre Meinung nicht mehr ändern, und was Sie zuerst schneiden, bestimmt, was Sie noch schneiden können. Ein klassisches Beispiel ist das Bein: Es kann im Ganzen verpackt werden oder Oberschenkel und Unterschenkel werden getrennt. Wenn Sie also den Oberschenkel ohne Knochen verpacken wollen, bleiben die Unterschenkel übrig, die Sie nun mit oder ohne Knochen oder als essbare Zuschnitte nutzen können. Wollen Sie diese Teile ohne Haut verpacken? Wenn ja, was machen Sie mit der Haut? Vielleicht soll sie zu Schmalz verarbeitet werden (siehe Seite 124) oder eine Brühe aus Knochen aromatisieren, die zuvor aus den Oberschenkeln herausgeschnitten wurden? Wenn Sie einmal verstanden haben, in welcher Abhängigkeit die einzelnen Schnitte zueinander stehen und wie Sie Zuschnitte organisieren, können Sie alle Teile optimal verwenden.

Teile für die Brühe

Brühe ist das größte Nebenprodukt beim Schlachten eines Huhns. Zurück bleiben geschmackvolle, kollagenreiche Karkassenstücke, die Sie leicht zu großen Mengen Brühe verarbeiten können. Frieren Sie das ein, was Sie in der kommenden Woche nicht verbrauchen, und kaufen Sie nie wieder das geschmacklose Produkt aus dem Supermarkt. Jedes Mal, wenn ich ein Huhn schlachte, packe ich die Stücke für eine Brühe in einen Beutel im Gefrierschrank. Sobald der Beutel voll ist, koche ich daraus eine Brühe. (Ich hebe selbst die Karkassen ganzer gebratener Hähnchen auf.)

Die besten Teile für eine Brühe sind Haut, Füße, Rücken und Hälse – Teile, die viel Kollagen enthalten, die heilige Zutat für eine gelatinereiche Brühe (siehe Grundlagen für eine gute Brühe, Seite 103). Aber nur weil andere Knochen und Körperteile nicht so viel Kollagen enthalten, heißt das nicht, dass sie einer Brühe kein Aroma verleihen. Faszien, Bänder und Sehnen sind ungenießbar und können bei der Verarbeitung entfernt werden, sind jedoch ideal zum Aromatisieren von Brühen, Consom-

GRUNDLAGEN FÜR EINE GUTE BRÜHE

Grundlagen für eine gute Brühe sind alle Teile des Schlachtkörpers mit viel Bindegewebe, wie Sehnen, Bänder und Silberhaut (technisch als Epimysium bezeichnet, die Bindegewebeschicht um einen Muskel). Das Bindegewebe besteht in erster Linie aus einer Substanz namens Kollagen, die gleichzeitig das häufigste vorkommende Protein im gesamten Körper ist. Das durch Kollagenstränge zusammengehaltene Bindegewebe ist das Gewebe, das die Körperstrukturen zusammenhält: Muskeln, Organe und Knochen sind darin eingebettet, Blutgefäße sind damit ausgekleidet. So etwa unser Gehirn und das zentrale Nervensystem. Kollagen ist buchstäblich überall im Körper.

Das ist eine gute Nachricht, denn jede gute und gehaltvolle Brühe braucht eine gesunde Menge an Gelatine – die klebrige, geschmeidige Substanz, die Flüssigkeiten für Saucen oder Desserts eindickt und als Klebemittel für herkömmliche Klebstoffe dient – und diese Gelatine wird ursprünglich aus Kollagen gewonnen. Ein Prozess namens Hydrolyse wandelt das Kollagen im Bindegewebe in Gelatine um. Wenn man Wasser und Hitze hinzufügt, beschleunigt das die Hydrolyse. Das ist der Fall, wenn wir die Zutaten für die Brühe in einen Topf geben und erhitzen. Jetzt dauert es eine gewisse Zeit, bis das Kollagen abgebaut wird. Es kann mehrere Stunden dauern, bis der Großteil des Kollagens in der Brühe bei mittlerer Hitze im Topf in Gelatine umgewandelt wird (im Schnellkochtopf geht es schneller). Generell gilt: Je zäher das Kollagen, desto länger dauert es, bis es zu Gelatine umgewandelt wird. Da die Zugfestigkeit des Kollagens mit dem Alter zunimmt, benötigen Fleisch und Knochen eines älteren Tieres mehr Feuchtigkeit und mehr Zeit für die Hydrolyse als Fleisch und Knochen eines jüngeren Tieres der gleichen Art.

més und Saucen. Werfen Sie also alles hinein, was Sie haben. (Das schließt natürlich alles aus, was in die Kategorie „Ungenießbar" gehört – Kopf, Federn, Eingeweide und dergleichen.)

Zerkleinern Sie ganze Karkassen oder Wirbelsäulen (verwenden Sie dazu ein Hackbeil, ein schweres Messer oder eine Schere), um das Kollagen besser umzuwandeln und die Ausbeute für die Brühe zu maximieren. Rohe Geflügelknochen stellen eine gute Vitaminquelle für Hunde dar, aber Vorsicht bei Füttern von gekochten Knochen, da sie durch ihre brüchige Struktur schnell zersplittern, was zu Verletzungen führen kann.

Entfernen ungenießbarer Teile

Oberste Priorität beim Zuschneiden hat das Entfernen ungenießbarer Teile: die nicht schmackhaften Fleischstücke und andere Teile am Stück. Dazu kann alles gehören, von schrumpeligen Außenteilen, verirrten Knorpelsplittern bis hin zu mit Eiter gefüllten Drüsen.

Halten Sie beim Zerlegen einen separaten Behälter für Ungenießbares bereit. Halten Sie diesen getrennt von anderen Utensilien und stellen Sie ihn auf den Boden, auf eine Schubkarre oder auf eine andere Ablage – niemals auf die Tischplatte –, um zu vermeiden, dass Sie die Teile versehentlich mit essbarem Schnittgut verwechseln, insbesondere dann, wenn Sie im Team arbeiten. Praktisch ist es, Behälter mit ungenießbaren Lebensmitteln zu kennzeichnen, zum Beispiel durch eine deutliche Beschriftung auf der Außenseite und dem Deckel, oder Sie kaufen Behälter in unterschiedlichen Farben. Wenn Sie nicht kompostieren oder verwerten, reicht schon ein einfacher Mülleimer. Entsorgen Sie die Teile sofort. Wenn Sie diese Gewohnheit direkt in Ihren Arbeitsablauf integrieren, verringern Sie das Risiko von Verunreinigungen und Verdorbenem drastisch. (Eine einzige sauer schmeckende Drüse kann eine ganze Portion Hackfleisch ruinieren.)

ABSZESSE

Drüsenähnliche Wucherungen, die in einem Muskel auftreten, sind höchstwahrscheinlich Abszesse und müssen entfernt werden. Ein Abszess deutet auf eine Infektion hin, und zur Sicherheit sollten Sie einen großen Bereich rundherum entfernen. Wenn Sie Abszesse oder andere Anzeichen einer Infektion oder Krankheit entdecken und sich Sorgen um die Fleischqualität machen, bitten Sie einen örtlichen Tierarzt, den Tierkörper zu untersuchen.

QUETSCHUNGEN UND KNOCHENBRÜCHE

Trotz Ihrer Bemühungen, während des Schlachtens entspannte Bedingungen zu schaffen und das Tier ordnungsgemäß zu behandeln, kann es beim Einfangen, Betäuben, Ausbluten und Rupfen zu Quetschungen am Gewebe oder zu gebrochenen Knochen kommen. Untersuchen Sie die Schlachtkörper zügig während des Ausnehmens, damit Sie Tiere mit Knochenbrüchen oder Quetschungen aussortieren können. Entfernen Sie die betroffenen Stellen vor dem Verpacken.

VERUNREINIGTES GEWEBE

Zwischen dem Zeitpunkt, an dem das Tier noch lebte, und demjenigen, an dem die Karkasse auf Ihrem Metzgerblock landete, war das Fleisch,

Gliedmaßen mit gebrochenen Knochen vom Schlachten sollten Sie vor dem Verpacken entfernen, um zu vermeiden, dass im Beutel Löcher entstehen und das Fleisch verdirbt.

das Sie nun schneiden, Verunreinigungen ausgesetzt. Die Bereiche rund um die Stelle, an der die Haut geöffnet oder der Verdauungstrakt entfernt wurde, sind beim Schlachten anfällig für Kontaminationen. Außerdem gelangt durch Kühlung, Transport und Verpackung eines Schlachtkörpers häufig Schmutz oder Dreck an die Außenseite, sodass Sie alle Teile vor dem Zuschneiden und Kochen gründlich inspizieren sollten.

TROCKENES GEWEBE

Ganze Hühner, die für eine längere Lagerung in gekühlten Räumen mit großzügiger Luftzufuhr reifen, trocknen an der Fleischoberfläche aus. Verfärbungen und eine verhärtete Textur zeigen Ihnen, wo und was Sie abschneiden müssen. (Viele Erzeuger halten Geflügel und andere Vögel für ungeeignet zum Trockenreifen, aber ich versichere Ihnen, dass die Ergebnisse ausgezeichnet sind. Empfohlene Zeiten, Grundlagen und Hintergrundinformationen finden Sie auf Seite 92).

DRÜSEN

Alle Tiere haben Drüsen, die entfernt und entsorgt werden müssen. Bei Geflügel sollte die Bürzeldrüse (in der Nähe des Schwanzes) auf jeden Fall entfernt werden. Schneiden Sie eine Drüse zur Sicherheit ab, wenn Sie sie nicht einwandfrei identifizieren können, und entsorgen Sie sie. Alle Drüsen befinden sich außerhalb der Muskeln, oft zwischen Fett oder Bindegewebe. Große Drüsen liegen häufig an den Punkten, an denen größere Körperflächen zusammenstoßen – zum Beispiel an Hals und Schulter sowie an Bein und Körperhöhle. Kleinere Drüsen finden sich in vielen anderen Körperbereichen.

STÄRKER ARBEITENDE MUSKELN SIND SCHMACKHAFTER

Vereinfacht gesagt: Je stärker ein Muskel arbeitet, desto besser schmeckt er. Nehmen wir zum Beispiel das Hühnerbein. Die Muskelfasern im Hühnerbein tragen das Gewicht des Vogels und ermöglichen Bewegung. Zwei Aufgaben, die diese Muskeln ständig strapazieren. Durch diese Belastung entwickeln die Beinmuskeln mehr kontraktile Proteine (Myosin und Aktin) – die Proteine, die Muskeln beim Zusammenziehen und Entspannen unterstützen. Diese gehören zur Familie von Verbindungen, die als Voraromenstoffe bekannt sind. Sie bilden sich im noch lebenden Tier und werden direkt zu Geschmack produzierenden Verbindungen, die beim Kochen und Verzehr des Fleisches entstehen. Je höher die Arbeitsbelastung des Muskels, desto stärker reagiert der Körper, indem er die Konzentration kontraktiler Proteine und die Zufuhr von Nährstoffen zum arbeitenden Muskel erhöht.

Dieser Anstieg wirkt sich direkt auf den Geschmack aus, den wir von diesen Muskeln erhalten, und dies ist auch der Grund, warum Hähnchenkeulen wesentlich mehr Geschmack haben als die weniger beanspruchten Muskeln – wie etwa in der Hähnchenbrust. Der Brustmuskel wird vor allem zum Fliegen benötigt. Er ist ein magerer Muskel aus kräftigen Fasern, doch die Brustmuskeln von Hühnern haben eine relativ geringe Arbeitsbelastung, da Hühner nicht oft fliegen. Aus diesem Grund ist der Geschmack von Brustfleisch minimal, und da es sehr mager ist, wird es oft fest und trocken, auch wenn es nur leicht gegart wird.

Brustfleisch und Keulenfleisch unterscheiden sich auch farblich sehr deutlich. Die dunklere Farbe des Keulenfleisches kommt nicht vom Blut, wie man vielleicht denken könnte, sondern vom Myoglobin, einem Protein, das den Transport von Nährstoffen aus dem Blutkreislauf in die Fleischfasern unterstützt. Je größer die Arbeitsbelastung eines Muskels, desto mehr Nährstoffe werden benötigt und desto mehr Myoglobin ist vorhanden, damit die Belastung gestemmt wird. Die Fleischfarbe sagt etwas über das geschmackliche Potenzial des Fleisches aus – je dunkler, desto besser. Wenn Sie wie ich geschmackvolles Fleisch bevorzugen, werden Sie die Keule immer der Brust vorziehen.

Hähnchenbrüste sind ein Beispiel für magere, selten beanspruchte Muskelfasern.

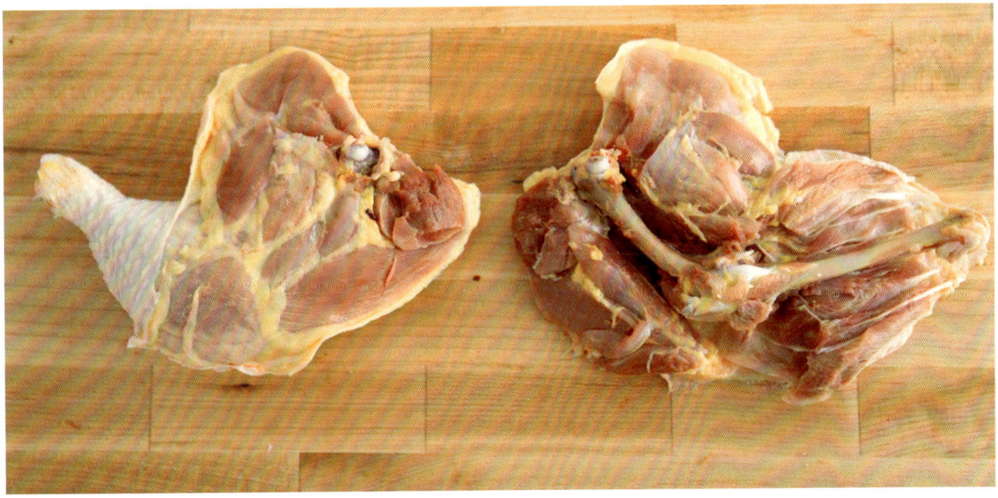

Hähnchenkeulen haben eine kräftige Farbe und einen intensiven Geschmack, weil sie ständig arbeiten müssen und hohe Konzentrationen an kontraktilen Proteinen und Nährstoffen benötigen.

BEIN
Spitze/Tip
(Phalangen)
Unterarm/Flat
(Speiche und Elle)
Oberarm/
Drumette
(Humerus)
FLÜGEL
Unterschenkel
(Schienbein und
Wadenbein)
Oberschenkel
(Femur)
Pektoralismuskel
(Brustbein und Rippen)
BRUST
Oberschenkel
(Femur)
Unterschenkel
(Schienbein und
Wadenbein)
FLÜGEL
BEIN
Spitze/Tip
(Phalangen)
Unterarm/Flat
(Speiche und Elle)
Oberarm/
Drumette
(Humerus)

DER STANDARD: EIN ACHTTEILIGER ZUSCHNITT

Da Hühner auf dem Markt eine starke Position einnehmen, sind sie oft die einzigen Tiere, bei denen wir tatsächlich schon von jedem Schnitt gehört haben. Anders als bei größeren Nutztieren ist das Schlachten von Geflügel in den USA meist einheitlich geregelt. Die Richtlinien, die wir für den Zuschnitt der Stücke befolgen, sind von den nationalen Geflügelverbänden akzeptiert und gelten weithin als Standards.

FLÜGEL: Die Flügel werden in der Regel zu Fingerfood verarbeitet oder zur Verfeinerung des Geschmacks von Brühen verwendet.

BRUST: Evolutionär gesehen sollten die meisten Vögel fliegen, wozu sie große Brustmuskeln benötigen, um die Flügel zu bewegen. Hühner von heute sind seltene Flieger, weshalb ihre Brüste schlank sind und größtenteils aus schnell zuckenden Muskelfasern bestehen – so ist das Brustfleisch typischerweise hell bzw. weiß. Es ist ein zartes Stück, obwohl es durch fehlendes Fett und Bindegewebe leicht trocken werden kann. Der innere Brustmuskel, das sogenannte Filet, liegt am Brustbein an und kann für individuelle Zubereitungen entfernt werden.

BEINE: Die Beine eines Huhns müssen das gesamte Gewicht des Tieres tragen. Das sorgt für einen kräftigen Zuschnitt. Die langsam zuckenden Fasern, die für die ständige Stützfunktion erforderlich sind, tragen zur dunkleren Färbung des Fleisches bei, während Fett und Bindegewebe den Geschmack unterstützen. Beinmuskeln müssen langsamer gegart werden als das Brustfleisch, und mit etwas Geduld erhalten Sie mehr Nährstoffe, Geschmack und Fleischgenuss.

ÜBERSICHT ÜBER DEN SKELETTAUFBAU

Bevor Sie ein Tier zum ersten Mal entbeinen, werfen Sie einen kurzen Blick auf ein Schaubild zum Skelettaufbau (siehe folgende Seite). Ich kann dies nicht oft genug betonen. Wenn Sie sich fünf Minuten mit dem Schaubild beschäftigen, sparen Sie sich hinterher Zeit, Mühe und Geld für verschwendetes Fleisch. Noch besser ist es, bei der Arbeit eine Kopie griffbereit zu haben. Notieren Sie sich die spezifischen Knochen in dem Bereich, in dem Sie arbeiten werden. Welche Form haben sie? Wo sind die Knochen miteinander verbunden und bilden Gelenke? Wie liegen sie? Wenn Sie sich diese drei einfachen Fragen stellen, können Sie Ihre Schlachtergebnisse erheblich verbessern. Wenn Sie an einem Bein arbeiten und den Oberschenkelknochen entfernen wollen, werden Sie wissen, dass dies der lange Knochen mit Gelenken an beiden Enden ist, der von der Hüfte bis zum Knie verläuft. Wenn Sie einen ganzen Schlachtkörper entbeinen und das Schlüsselbein entfernen müssen, wissen Sie direkt, dass es die Form eines umgedrehten V hat und unten am Halsknochen ansetzt. So wissen Sie immer direkt, wie Sie an die entsprechenden Knochen kommen und wie Sie diese entfernen können.

ZERLEGEN AN ZUSCHNITTPUNKTEN

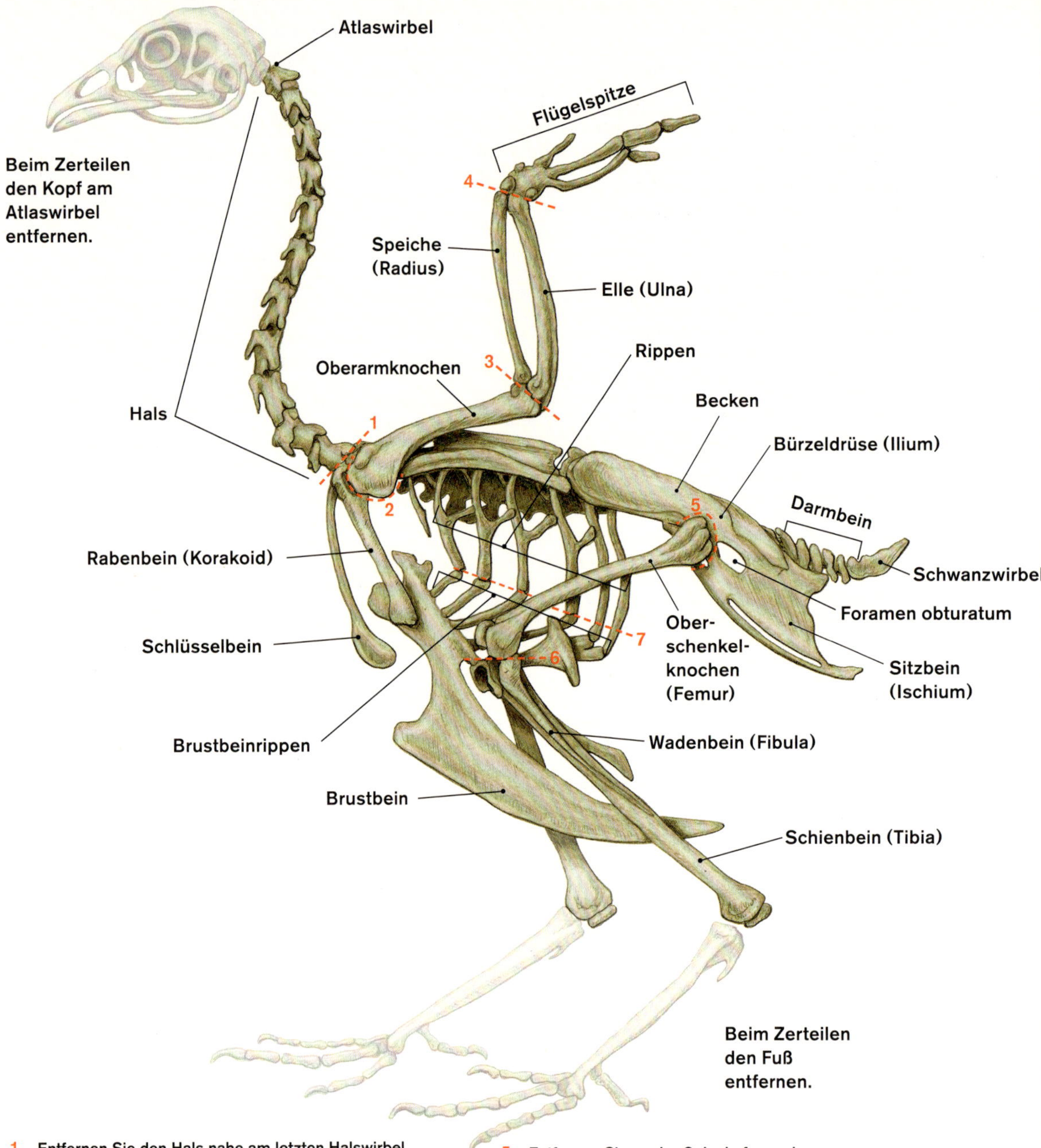

1 Entfernen Sie den Hals nahe am letzten Halswirbel.

2 Entfernen Sie die Flügel unten am Oberarmknochen.

3 Trennen Sie am „Ellenbogen"-Gelenk den Oberarmknochen vom Unterarmknochen.

4 Entfernen Sie die Flügelspitzen am Außengelenk von Speiche/Elle.

5 Entfernen Sie an der Gelenkpfanne des Oberschenkelknochens das Bein vom Becken.

6 Trennen Sie Oberschenkel und Unterschenkel am Kniegelenk.

7 Durchtrennen Sie die Rippen, um den Rücken von der Brust zu entfernen.

DURCHTRENNEN EINES GELENKS

Wenn Sie ein Gelenk durchtrennen möchten, gehen Sie langsam vor. Versuchen Sie nicht, mit bloßer Gewalt in oder durch das Gelenk zu schneiden. Stechen Sie mit der Messerspitze nicht in das Gelenk, um es auseinanderzubrechen. Dabei wird nur Ihr Messer stumpf oder ruiniert und Sie schneiden sich womöglich. Nehmen Sie sich Zeit, den Bereich rund um das Gelenk zu untersuchen und achten Sie auf die sichtbaren Bindegewebsstrukturen. Machen Sie einige Schnitte und trennen Sie einige Bänder mit der Messerspitze durch, üben Sie dann Kraft auf das Gelenk aus, indem Sie die Knochen bewegen oder versuchen, sie über die Tischkante zu biegen. Achten Sie darauf, welche Schnitte eine höhere Instabilität verursachen. Beginnen Sie mit dem Durchtrennen großer Sehnen und Bänder. Seien Sie nicht ängstlich – Sie haben vielleicht manchmal das Gefühl, durch Knochen oder Knorpel zu schneiden, weil Sie so viel Kraft ausüben müssen. Nachdem Sie ein paar Mal ein Gelenk durchgeschnitten haben, werden Sie merken, welche Methode am besten funktioniert.

Das Durchtrennen eines Gelenks ist eine Kombination aus dem Trennen der richtigen Verbindungen unter Anwendung von Kraft.

Entfernen der Flügel

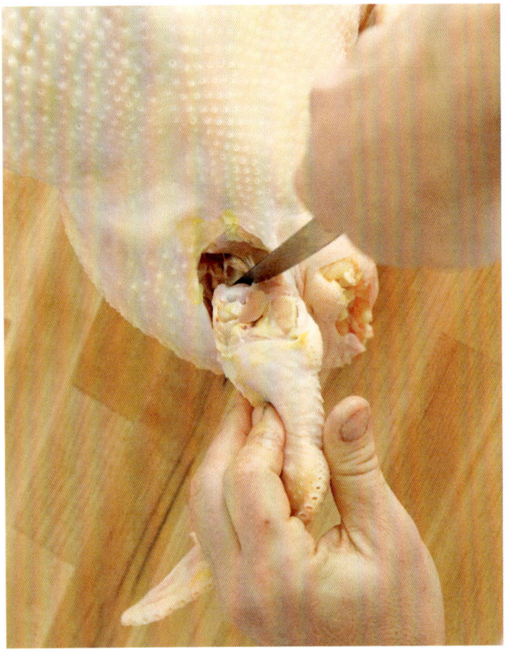

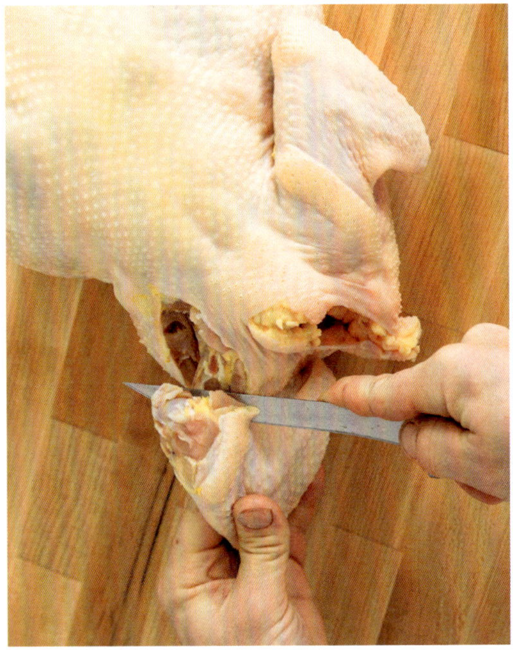

1. **SCHNEIDEN SIE DURCH DAS GELENK.** Halten Sie die Karkasse am Flügel fest. Schneiden Sie rund um das Gelenk und in das Gelenk hinein, beginnend hinten am Flügelrand. Heben Sie den Vogel etwas an, während Sie den Flügel halten. Durch das Gewicht des Körpers lässt sich das Gelenk mit minimalem Schnitt trennen, aber Sie können stattdessen auch den Flügel nach hinten biegen.

2. **TRENNEN SIE DEN FLÜGEL VOM KÖRPER.** Sobald sich der Flügel aus der Gelenkpfanne löst, schneiden Sie ihn in einer aushöhlenden Bewegung vom Körper ab, wobei Sie nah am Knochen und weg vom Brustfleisch bleiben. Wiederholen Sie den Vorgang mit dem anderen Flügel. Wenn Sie möchten, entfernen Sie die Spitzen am Gelenk mit einem Beil oder Messer und heben Sie diese für eine Brühe auf. (Die weitere Verarbeitung von Flügeln finden Sie auf Seite 126).

Entfernen der Beine

Zum Entfernen der Beine durchtrennen Sie die Verbindung zwischen Oberschenkelknochen (Femur) und Becken und schneiden Sie anschließend das umliegende Fleisch von den Beckengürtelknochen. Wenn dabei möglichst viel Haut an der Brust bleiben soll, halten Sie die Haut an der Brust mit einer Hand fest, während Sie die ersten Schnitte setzen. Hören Sie nach Schritt 4 auf, wenn Sie ein ganzes Keulenstück benötigen, oder fahren Sie fort, wenn Sie die Keule in Oberschenkel und Unterschenkel teilen wollen.

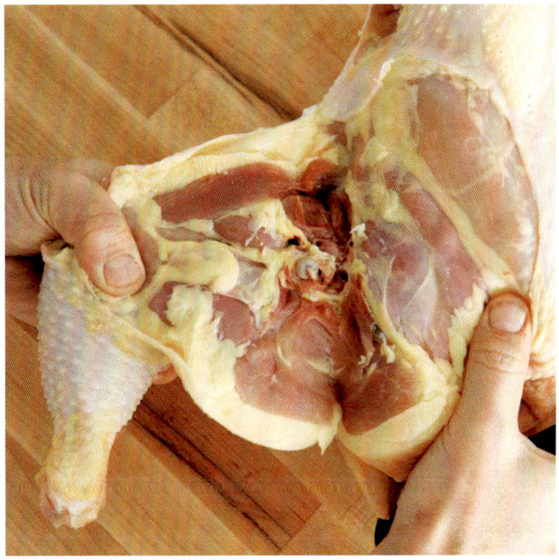

1. **TRENNEN SIE DAS BEIN VOM KÖRPER.** Schneiden Sie zwischen Brust und Oberschenkel bis zum Kugelgelenk von Oberschenkel und Becken, wobei Sie näher am Becken bleiben. Achten Sie darauf, dass Sie die Verbindungen oberhalb des Gelenks durchtrennen.

2. **ÖFFNEN SIE DIE GELENKPFANNE.** Greifen Sie das Bein und legen Sie den Daumen auf den Oberschenkelknochen, die anderen Finger auf die Unterseite nahe am Gelenk. Ziehen Sie anschließend den Oberschenkelknochen aus der Gelenkpfanne. Seien Sie vorsichtig, denn bei zu viel Kraft können Becken oder Wirbelsäule brechen. Wenn sich der Oberschenkelknochen nicht leicht herauslösen lässt, schneiden Sie mit einem Messer mehr Bindegewebe am Gelenk ab und versuchen Sie es erneut.

Weiter auf der folgenden Seite

Entfernen der Beine FORTSETZUNG

3. **TRENNEN SIE DAS BEIN AB.** Drehen Sie den Vogel um und suchen Sie das Pfaffenstück (oder Hühnerauster) – ein festes Fleischstück in einer Vertiefung des Beckens. (Technisch gesehen befindet es sich im Darmbein.) Sie können dieses sogenannte Pfaffenstück aus seiner Umhüllung schneiden, aber Sie werden mit Sicherheit ein ganzes Stück erhalten, wenn Sie es herausbrechen. Während Sie das Bein mit der Hand festhalten, schneiden Sie zunächst, beginnend am hinteren Ende, am Becken entlang.

Am Kugelgelenk, an dem der Oberschenkelknochen befestigt war, stoppen Sie. Ziehen Sie das Bein von der Karkasse ab und drücken Sie die flache Klinge gegen das Becken, um einen Gegendruck zu erzeugen. Das Beinfleisch sollte sich vom Becken lösen, wobei das Pfaffenstück das letzte Stück ist. Wiederholen Sie die Schritte 1 bis 3 mit dem zweiten Bein.

4. **DIE RESTLICHE KARKASSE.** Die Vertiefungen im Becken, in denen sich die Pfaffenstücke befanden, sind deutlich zu erkennen.

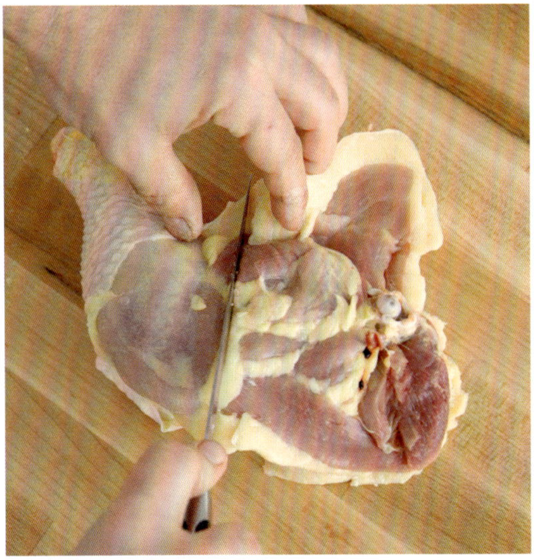

5. BESTIMMEN SIE DIE STELLE, AN DER OBER- UND UNTERSCHENKEL GETRENNT WERDEN. Um das Bein in Oberschenkel und Unterschenkel zu trennen, beugen Sie das Bein und tasten Sie das Kniegelenk ab, an dem die Knochen zusammentreffen. Sie sollten einen kleinen Spalt zwischen den beiden verdickten Enden von Oberschenkelknochen und Schienbein ertasten – genau dort müssen Sie schneiden. Wenn Sie das Bein umdrehen, sehen Sie eine Fettlinie, an der Sie schneiden sollten.

6. TRENNEN SIE OBERSCHENKEL UND UNTERSCHENKEL. Nehmen Sie das ganze nicht gebogene Bein und trennen Sie Unterschenkel und Oberschenkel, indem Sie durch das Kniegelenk und das Beinfleisch schneiden.

Entfernen des Rückens

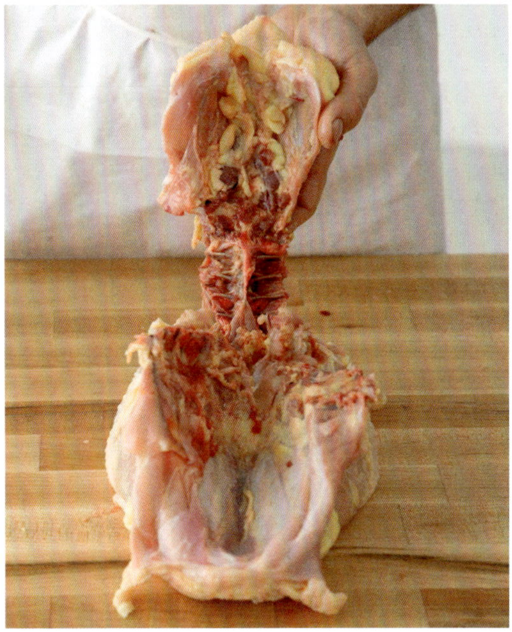

1. **SCHNEIDEN SIE AM RAND DES BECKENGÜRTELS ENTLANG.** Setzen Sie den Vogel auf sein Halsende. Darmbein und Sitzbein, zwei der drei Knochen, die Teile des Beckengürtels bilden, liegen an den Außenseiten des Beckens und bilden eine flache Kante, an der Sie mit dem Messer entlangschneiden, um den Rücken zu entfernen. Halten Sie das Messer in einem geneigten Winkel von 45 Grad und trennen Sie, der flachen Kante folgend, die Wirbelsäule vom Schwanz her ab. (Dazu können Sie am besten eine scharfe Schere verwenden.)

2. **SCHNEIDEN SIE DIE WIRBELSÄULE DER LÄNGE NACH DURCH.** Schneiden Sie die Wirbelsäule an einer Seite auf ganzer Länge durch. Das Messer sollte zwischen Wirbelsäule und Schulterblatt bleiben, um nicht in die Rabenbeine zu stoßen. Wiederholen Sie den Schnitt auf der gegenüberliegenden Seite. Stechen Sie beim Schnitt nach unten weder Brustbein noch Brustfleisch durch.

Trennen der Brüste

Jetzt haben Sie eine ganze Hühnerbrust mit Knochen, auch Krone genannt, vor sich liegen. Diese können Sie entweder im Ganzen braten und vor dem Servieren vom Knochen schneiden oder Sie teilen für einen achtteiligen Zuschnitt die beiden Seiten der ganzen Brust. Bei der von mir gezeigten (und bevorzugten) Methode mit Knochen wird das Brustbein entfernt. Aber wenn Sie den Vogel mit Knochen zubereiten und die gesamte Unterseite des Brustmuskels beim Garen schützen wollen, sollten Sie das Brustbein spalten, statt es zu entfernen. Beginnen Sie mit der Anleitung zum Entfernen des Schlüsselbeins (Schritt 2, Seiten 118 bis 119) und durchtrennen Sie dann das Brustbein. Ich nehme dazu am liebsten ein scharfes, etwas längeres Messer (20 Zentimeter oder länger).

Option 1: Zwei Brüste mit Knochen

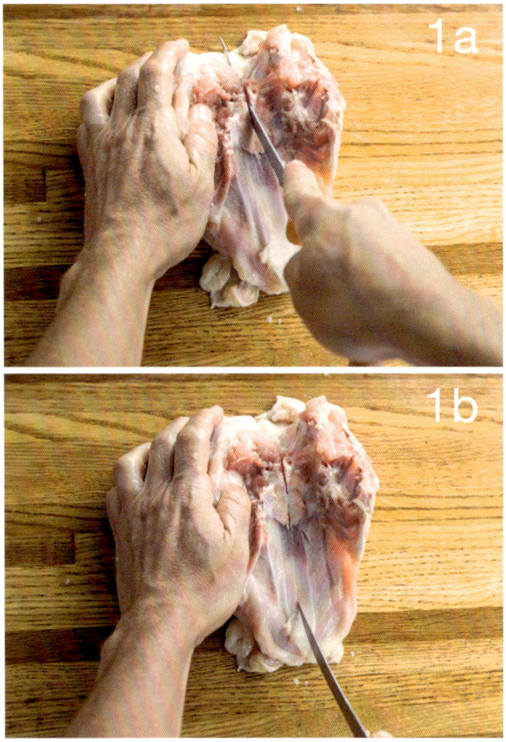

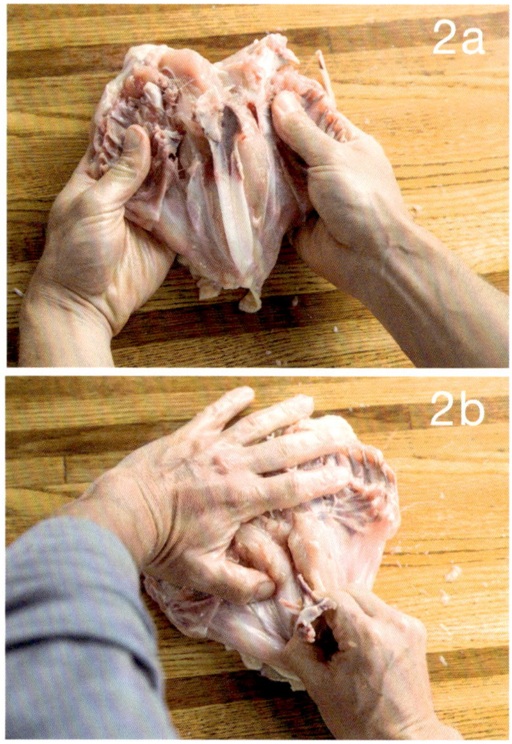

1. **RITZEN SIE DAS BRUSTBEIN EIN.** Legen Sie die Brust mit der Hautseite nach unten auf den Tisch. Das Brustbein, eine flache Knochenplatte, besteht größtenteils aus Knorpel und wird am besten von Hand entfernt. Schneiden Sie den Knorpel am vorderen Ende des Brustbeins ab und ritzen Sie den Knochen ein, indem Sie das Messer am Brustbeinkamm entlangführen. Wenden Sie nicht zu viel Kraft auf – Sie wollen lediglich die durchgehende Oberfläche aufbrechen, damit das Bindegewebe abreißt, wenn das Brustbein getrennt wird.

2. **TEILEN SIE DAS BRUSTBEIN.** Halten Sie die Brust von unten fest und brechen Sie die Knochen links und rechts vom Brustbein auf, um es zu trennen. Greifen Sie unter das Brustbein und lösen Sie mit Fingern oder Daumen die Membran, die das Brustbein mit den Brustmuskeln verbindet. Nachdem die Membranverbindungen durchtrennt sind, können Sie das Brustbein vollständig mit der Hand entfernen. Um ein Reißen des empfindlichen Muskelgewebes zu vermeiden, drücken Sie

das Brustfleisch mit einer Hand gegen den Tisch, während Sie das Brustbein mit der anderen Hand abziehen.

Suchen Sie das V-förmige Schlüsselbein und folgen Sie mit der Messerspitze seiner natürlichen Form, ohne das Messer zu tief einzustechen. Entfernen Sie das Schlüsselbein, indem Sie ein Messer benutzen oder es mit einem Handtuch greifen (erleichtert das Greifen und schützt die Hand vor dem scharfen Knochen, wenn er bricht). So können Sie die Brüste sauber in zwei Hälften teilen. Sie können überflüssige Haut und Fett abschneiden, um die Brüste in Form zu bringen, oder lassen Sie sie dran (wie ich es mache). Wenn Sie einen Zuschnitt mit zehn Teilen wünschen, nehmen Sie die beiden Brüste und halbieren Sie sie in der Breite mit einem scharfen Messer, das sauber durch die Rippen schneidet.

Option 2: Brüste ohne Knochen

In vielen Rezepten werden die Brüste ohne Knochen verarbeitet. Sie lassen sich am einfachsten herauslösen, wenn Flügel und Beine entfernt sind, aber die Wirbelsäule noch nicht. So bekommen Sie eine stabilere Karkasse, mit der Sie arbeiten können. (Wenn der Oberarm noch an der knochenlosen Brust sitzt, spricht man von einem Zuschnitt, der als Airline-Brust bekannt ist). Die Maserung des Brustfleisches verläuft vom Nacken zum Schwanz. Schneiden Sie deshalb in dieselbe Richtung, wenn die Unterseite vorzeigbar sein soll.

1. **SCHNEIDEN SIE ENTLANG DES BRUSTBEINS.** Suchen Sie oben auf der Brust den Brustbeinkamm. Machen Sie links und rechts vom Brustbeinkamm einen Schnitt über die gesamte Länge. (Sie können mit der Messerspitze das Schlüsselbein finden und dieses als Ausgangspunkt nehmen.)

2. **SUCHEN SIE DAS SCHLÜSSELBEIN.** Folgen Sie den beiden ersten Schnitten zurück zum Schlüsselbein. Fahren Sie die Form des Schlüsselbeins auf einer Seite nach und bleiben Sie dabei dicht am Knochen, damit die Brust möglichst groß wird. Wiederholen Sie den Vorgang auf der anderen Seite. Sie können aber auch zuerst das Schlüsselbein entfernen (siehe Schritt 2, Seiten 118 bis 119) und dann fortfahren.

3. TEILEN SIE DAS BRUSTFLEISCH. Lösen Sie mit Daumen oder Finger das Fleisch vom Brustbein, sodass genug Platz ist, um das Messer flach am Knochen einzustechen. Der Brustkorb des Huhns wölbt sich vom Schlüsselbein aus nach außen und dann zur Wirbelsäule hin nach innen, sodass er eine Halbmondform bildet. Der erste Schnitt setzt am Schlüsselbein an. Schneiden Sie entlang der nach außen gewölbten Rippen dicht am Knochen, während Sie die Brust mit der anderen Hand lösen. Folgen Sie weiterhin dem Brustkorb, der sich nun nach innen wölbt, bis die Brust vollständig vom Knochen gelöst ist.

4. WIEDERHOLEN SIE DEN VORGANG AN DER GEGENÜBERLIEGENDEN BRUST. Für mich und andere Rechtshänder ist es am einfachsten, die gegenüberliegende Brust zu bearbeiten, indem ich das ganze Stück umdrehe. Zum Schluss schneiden Sie die Brust in die gewünschte Form. Sie haben jetzt eine perfekte Karkasse und zwei entbeinte Brüste mit Haut.

Brüste ohne Knochen: Entfernen des Filets

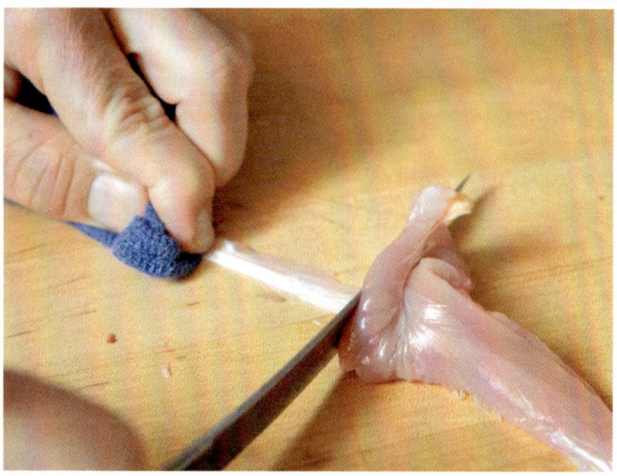

Beim Zuschnitt von Brüsten ohne Knochen können Sie das Filet entfernen. (Ich bin sicher, dass Sie irgendwann in Ihrem Leben schon einmal panierte und gebratene Hähnchenfilets gegessen haben.) Technisch gesehen können Hühnerfilets sowohl Streifen vom Brustfleisch und/oder die eigentlichen Filets sein. Bruststreifen sind nur ein Versuch, das eigentliche Filet zu imitieren.

Das Hühnerfilet sitzt unterhalb des Brustmuskels. Nachdem Sie den Brustmuskel vom Knochen gelöst haben, sehen Sie das Filet – einen dünnen, schlaffen Fleischstreifen, der an der Karkasse befestigt, neben und parallel zum Brustbein verläuft. Wegen der fragilen Verbindung zwischen Filet und Brustmuskeln kann das Filet leicht abgetrennt, aber auch beschädigt werden, wenn beide nicht ordnungsgemäß vom Brustbein gelöst werden.

Das Entfernen des Filetstücks ist einfach. Legen Sie die knochenlose Brust mit der Oberseite nach unten auf die Arbeitsfläche. Ziehen Sie das Filet von der Brust ab und schneiden Sie mit dem Messer das kleine Bindegewebe weg, das sie zusammenhält, damit Filet oder Brust nicht reißen.

PARIEREN SIE DAS FILET. Um das Filet zuzubereiten, müssen Sie vorher die Sehne entfernen – ein Vorgang, der als „Parieren" bezeichnet wird. Legen Sie dazu das Filet mit der zu Ihnen zeigenden Sehne auf die Arbeitsfläche. Benutzen Sie ein Handtuch, um Ihre Finger auf das Ende der Sehne zu legen, wodurch Sie sie am Tisch fixieren. Setzen Sie die Messerschneide gegen die Sehne, ohne sie durchzuschneiden. Fixieren Sie die Sehne auf dem Tisch, schieben Sie das Messer von sich weg und schaben den Muskel ab.

TIPPS ZUM ENTHÄUTEN

- Am einfachsten ist es, die Haut von Brust oder Bein zu entfernen, bevor Sie das Fleisch vom Knochen schneiden.
- Hähnchenhaut hat eine eher schleimige Konsistenz und lässt sich nur schwer greifen. Tun Sie sich einen Gefallen: Nehmen Sie ein Handtuch (Stoff oder Papier) und halten Sie die Haut damit fest.
- Das Häuten kann normalerweise in einer Bewegung erfolgen. Wenn Sie auf Widerstand stoßen, ist es hilfreich, mit der anderen Hand Gegendruck auszuüben.
- Heben Sie die Haut auf, verarbeiten Sie sie zu Schmalz oder geben Sie sie in eine Brühe, um von großen Mengen an Kollagen zu profitieren.

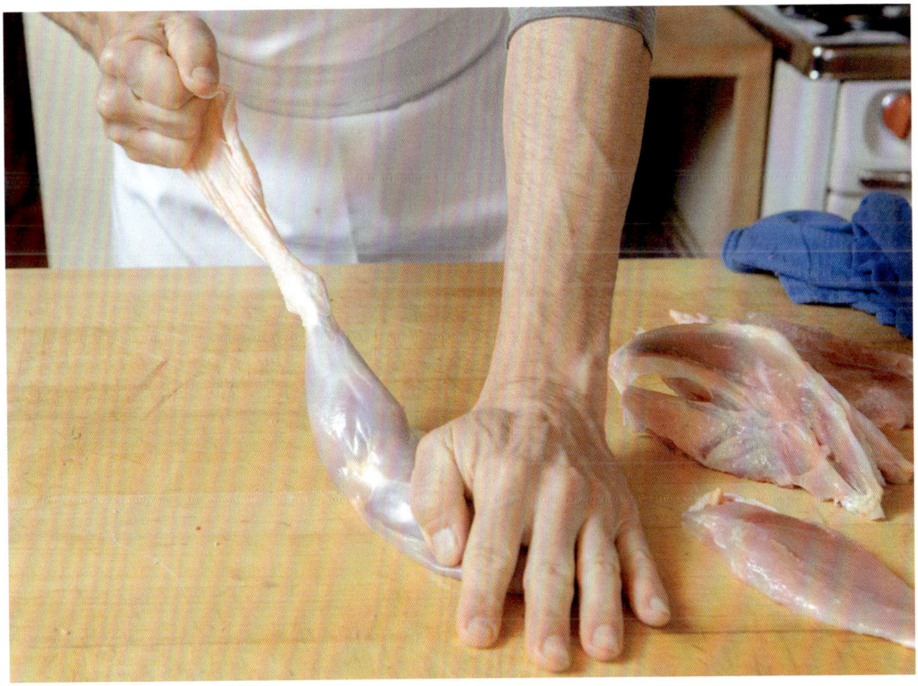

HERSTELLEN VON SCHMALZ

Hühnerfett, auch bekannt als Schmalz, ist eine köstliche Ergänzung für die Speisekammer jedes Geflügelbauern. Die Herstellung ist ganz einfach und das Ergebnis ist eine gallertartige Brühe sowie ausgelassenes Fett. Für meine Methode werden alle Teile in Wasser ausgelassen. Ich verwende dafür am liebsten einen Schnellkochtopf, aber ein Schongarer oder Suppentopf sind ebenfalls geeignet.

Sammeln Sie Haut und Fett, die Sie auslassen wollen. Geben Sie alles in den Topf und bedecken die Teile mit Wasser. Es ist wichtig, dass alles mit Wasser bedeckt ist, da dadurch das Fett ausgelassen werden kann und die Gelatine umgewandelt wird, solange die Temperatur auf dem Siedepunkt (100 Grad) oder darunter bleibt. Bei niedrigeren Temperaturen sind die ausgelassenen Fette fester, länger haltbar und haben einen höheren Rauchpunkt.

Stellen Sie den Schnellkochtopf auf hohen Druck mit einer Kochzeit von 30 Minuten. Wenn Sie einen Schongarer verwenden, lassen Sie ihn bei hoher Temperatur drei Stunden lang kochen. Bei einem Suppentopf bringen Sie alles zum Kochen und lassen es eine Stunde lang garen.

Anschließend seihen Sie die Mischung ab, bewahren die Flüssigkeit auf und stellen sie in den Kühlschrank. (Die gekochte Haut können Sie für gebratene Hühnerhaut-Chips verwenden. Frittieren Sie die Haut in heißem Öl, lassen Sie sie abtropfen und mischen Sie sie dann mit einer Gewürzmischung Ihrer Wahl.) Lassen Sie die Mischung über Nacht abkühlen. Die Brühe sollte durch die Gelatine fest werden und an der Oberseite sollte sich eine Schicht aus ausgelassenem Fett abgesetzt haben. Kratzen Sie das ausgelassene Fett ab, geben es in einen Topf und bringen es zum Kochen. Die Temperatur halten Sie, während die Restfeuchte im Fett verdampft. Am Rand des Topfes bilden sich Blasen, weil das Wasser dort als Gas entweicht. Sobald das Blubbern nachlässt, sollte das Fett klar sein. Bewahren Sie Brühe und Fett 1 bis 2 Wochen im Kühlschrank auf, oder frieren Sie alles ein, damit es länger haltbar ist.

FETT = GESCHMACK

Neben Muskelfasern und Kollagen im Bindegewebe spielt Fett eine besondere Rolle beim Fleischgenuss. Es sorgt für Zartheit, da das Fett in den Muskeln zwischen Faserbündeln und Fasern die straffe Struktur unterbricht. Das schwächt die Festigkeit des Bindegewebes eines Muskels, wodurch sich das Fleisch besser kauen lässt. Geschmolzene Fette werden beim Erhitzen flüssig und schmieren die Muskelfasern beim Kochen – so wird das Fleisch schön zart. Durch das Schmelzen bei Hitze setzen die Fette die in den Fettzellen gespeicherten Aromastoffe frei, die dem Fleisch zusätzlichen Geschmack geben. Die Menge dieser Verbindungen hängt von zwei Dingen ab: dem Alter des Tieres und dem Futter.

AUSGEWACHSENE TIERE HABEN MEHR SCHMACKHAFTES FETT. Ein Tier nimmt mit der Nahrung Energie auf und speichert gleichzeitig fettlösliche Verbindungen in der Nahrung in seinen Fettzellen. Je älter ein Tier ist, desto länger hat es damit verbracht, diese Verbindungen in seinen Fettzellen zu speichern, und desto mehr Aromen und geschmacksverstärkende Komponenten gibt das Fett beim Kochen ab. Daher ist das Fleisch älterer Tiere meist typisch pikant im Geschmack und Aroma, wie etwa bei alten Legehennen.

FREILANDHÜHNER HABEN SCHMACKHAFTERES FETT. Geflügel, das sich im Freien abwechslungsreich aus Kleinsttieren und Laub ernährt, verarbeitet und speichert eine Vielfalt organischer Verbindungen und Fettsäuren. Beim Kochen verstärken diese Aromastoffe den Geschmack des Fleisches. Im Gegensatz dazu wird ein Vogel, der überwiegend vegetarisch mit verarbeiteten Körnern aufgezogen wird, weniger Vielfalt in seinem Fett speichern. Aus diesem Grund hat Fleisch von Geflügel aus Freilandhaltung einen kräftigeren Geschmack als Fleisch von mit Getreide gefütterten Vögeln aus der Käfighaltung.

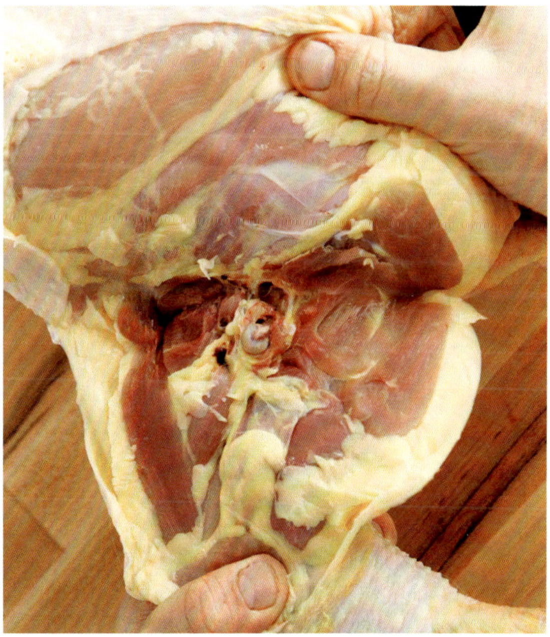

Flügel: Drummette, Flat und Tip

Flügel sind oft das vernachlässigte Stiefkind beim zerteilten Huhn und werden in Drumette (Oberarm), Flat (Unterarm) und Tip (Flügelspitze) unterteilt. Vielleicht sitzt noch etwas Brustfleisch an der Drumette, dann können Sie sie anderweitig nutzen. In diesem Fall lassen Sie den Flügel am besten ganz. Flügel sind meist einfach zu verarbeiten und können für Brühen oder Fingerfood verwendet werden. Das Trennen der Flügel ist unkompliziert, da die Gelenke größtenteils aus nachgiebigem Knorpel bestehen. Trotzdem lohnt es sich, exakt zu arbeiten, damit Sie später nicht auf Knochensplitter beißen.

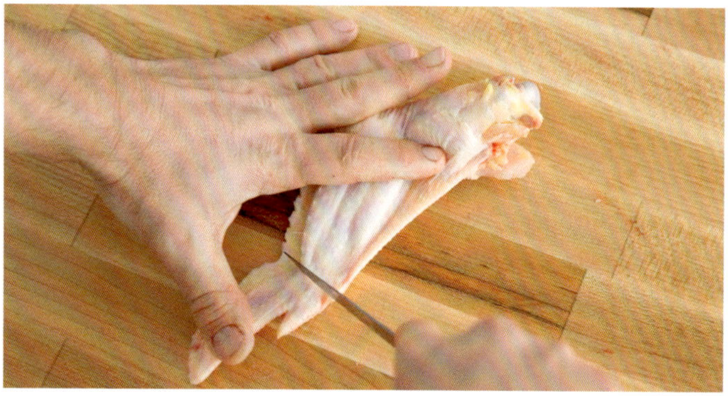

1. **TEILEN SIE TIP UND FLAT.** Finden Sie das Gelenk zwischen Spitze und Unterarmknochen, indem Sie das Gelenk biegen und nach der kleinen Öffnung suchen. Genau hier schneiden Sie die Teile durch.

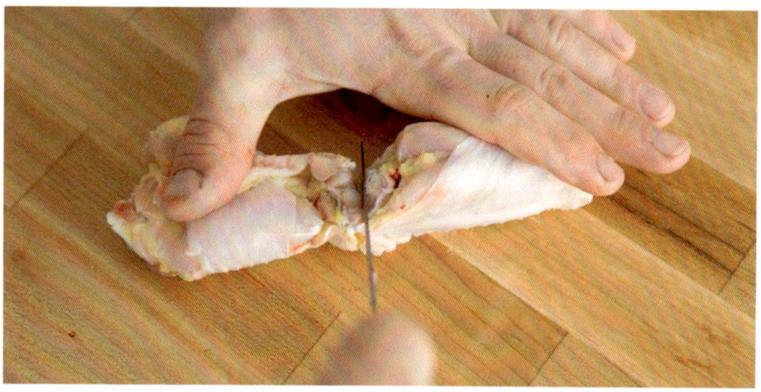

2. **TRENNEN SIE FLAT UND DRUMETTE.** Als Nächstes suchen Sie das Gelenk zwischen Elle und Oberarmknochen. Dazu biegen Sie Oberarm- und Unterarmknochen und ertasten die kleine Öffnung. Hier setzen Sie den Schnitt an.

3. **VOILÀ: DRUMETTE, FLAT UND TIP.** Die Spitzen können Sie für Brühen verwenden, während Sie Drumettes und Flats sammeln und einfrieren. Irgendwann haben Sie genügend beisammen und können zum Barbecue mit Chicken Wings und Bier einladen.

Beine ohne Knochen

Werfen Sie einen kurzen Blick auf das Schaubild von Seite 110 und achten Sie auf die drei Hauptknochen, die Sie nun bearbeiten – Oberschenkelknochen, Schienbein und das winzige verschmolzene Wadenbein – sowie die Kniescheibe, die in einem der letzten Schritte entfernt wird.

1. **SCHNEIDEN SIE ENTLANG DER INNENKANTE DES OBERSCHENKELKNOCHENS.** Legen Sie das ganze Bein mit Knochen mit der Hautseite nach unten auf den Tisch. (Wenn Sie die Haut schon entfernt haben, ist dies die von der Karkasse abgewandte Seite des Beins.) Der erste Schnitt verläuft entlang der gesamten Innenseite des Oberschenkelknochens und des Schienbeins. Beginnen Sie am Kugelgelenk des Oberschenkelknochens, schneiden Sie entlang der Innenkante des Knochens in Richtung Kniegelenk.

2. **SCHNEIDEN SIE ENTLANG DES KNIEGELENKS.** Bleiben Sie dicht am Knochen, wenn Sie das Messer entlang der Innenseite des Kniegelenks führen. Schneiden Sie durch das Bindegewebe und halten die Messerspitze dabei leicht nach innen. Schneiden Sie weiter entlang der Innenkante des Schienbeins.

Fortsetzung auf der nächsten Seite

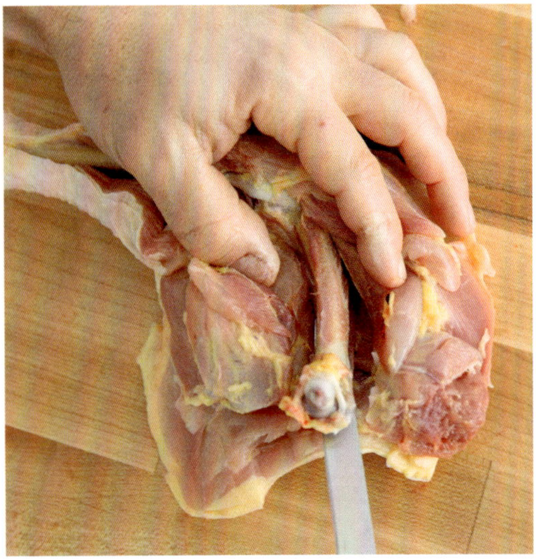

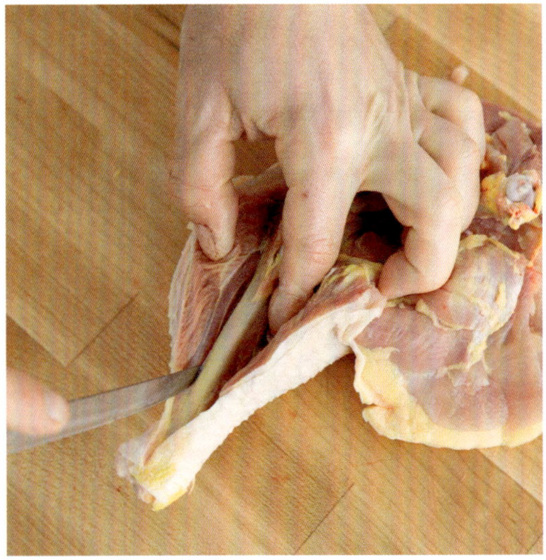

3. LÖSEN SIE DAS FLEISCH RUND UM DEN OBERSCHENKELKNOCHEN. Führen Sie das Messer entlang der anderen Seite des Oberschenkelknochens. Beginnen Sie dabei am Kniegelenk und schneiden Sie in Richtung Kugelgelenk. Wenn beide Seiten geschnitten sind, greifen Sie mit den Fingern unter den Knochen und lösen das Fleisch bis zum Kugelgelenk. Stechen Sie die Klinge unterhalb des Knochens ein und schneiden Sie rund um das Kugelende.

4. LÖSEN SIE DAS FLEISCH RUND UM DAS SCHIENBEIN. Beginnen Sie den nächsten Schnitt wieder am Kniegelenk: Schneiden Sie entlang der Außenkante des Schienbeins in Richtung Fersengelenk. (Das Wadenbein beginnt am Kniegelenk, ist aber am gegenüberliegenden Ende nicht verbunden. Wenn Sie am Kniegelenk beginnen, beugen Sie vor, dass das Wadenbein beschädigt wird und Knochensplitter ins Fleisch geraten.) Stechen Sie das Messer zwischen Knochenende und Fleisch ein.

5. **SCHNEIDEN SIE DIE SEHNEN DURCH.** Wenn das Fleisch auf beiden Seiten des Schienbeins ausgelöst ist, sollten Sie Ihr Messer unter den Knochen führen können, wo das Fleisch am Fersengelenk endet. Dort findet sich eine Gruppe von Sehnen. Schneiden Sie sie durch, indem Sie dem Knochen folgen.

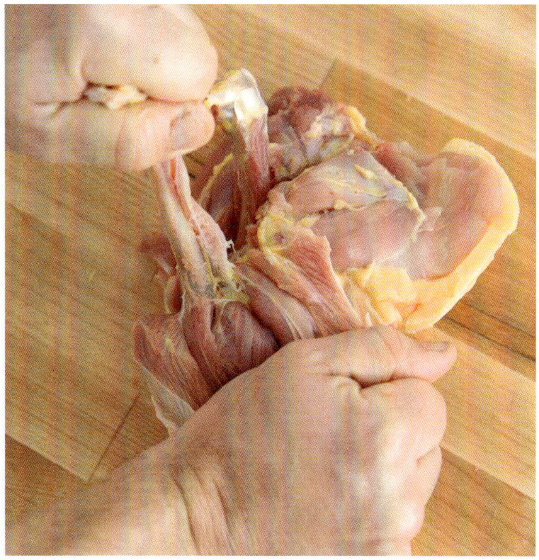

6. **LÖSEN SIE DIE MUSKELN.** Greifen Sie das freigelegte Ende der Muskeln und ziehen Sie sie vom Schienbein in Richtung Kniegelenk.

Fortsetzung auf der nächsten Seite

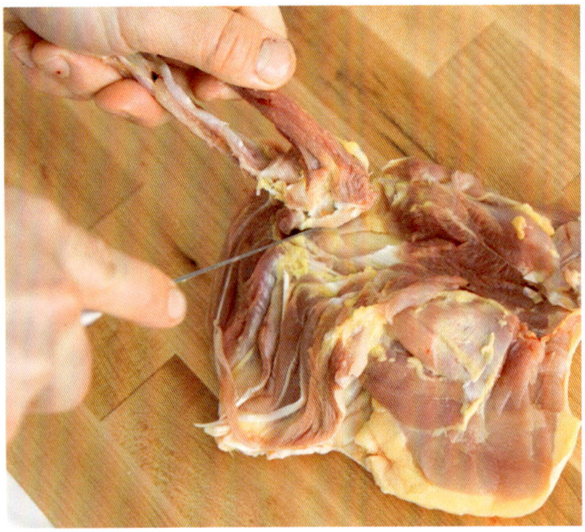

7. **SCHNEIDEN SIE DIE KNIESCHEIBE AB UND ENTFERNEN SIE DIE BEINKNOCHEN.** Halten Sie Oberschenkelknochen und Schienbein in einer Hand. Dadurch wird das Knie zusammengezogen, die Kniescheibe wird in Richtung Knie gedrückt und lässt sich leichter entfernen. Die Kniescheibe ist direkt mit der Haut verbunden – wenn Sie also vorhaben, das knochenlose Bein zu füllen oder aufzurollen, sollten Sie beim Herausschneiden der Kniescheibe besonders vorsichtig sein, damit Sie nicht die Haut durchstechen. Während das Knie noch zusammengezogen ist, schneiden Sie das Bindegewebe (Kollagen, Bänder und Sehnen) ab. Beginnen Sie an der Innenseite des Gelenks und gehen dann einmal rundherum und nach außen. Suchen Sie die Kniescheibe mit den Fingern und entfernen Sie sie vorsichtig, indem Sie zwischen Kniescheibe und Haut schneiden.

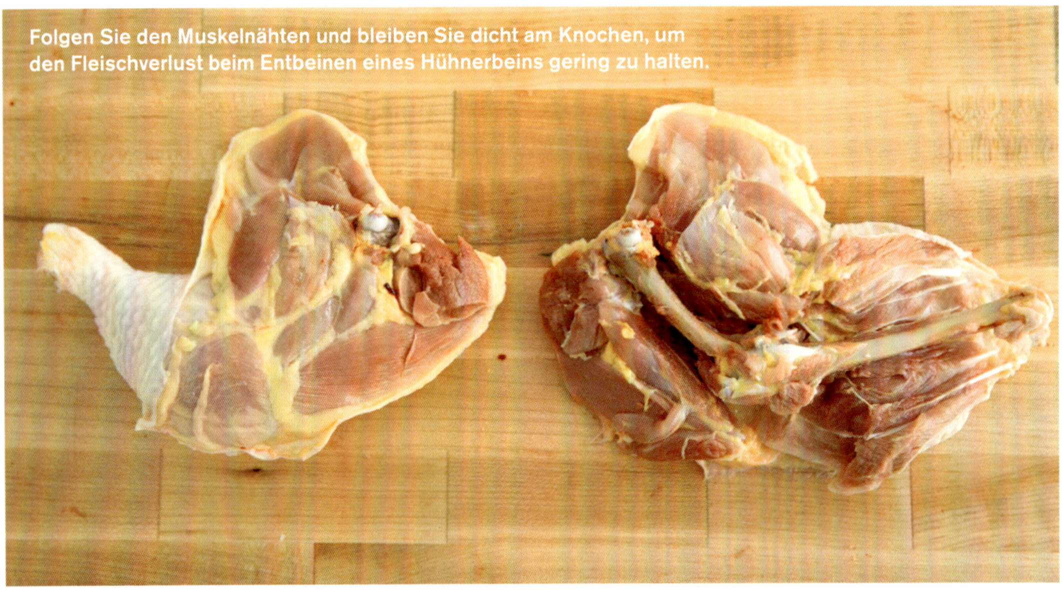
Folgen Sie den Muskelnähten und bleiben Sie dicht am Knochen, um den Fleischverlust beim Entbeinen eines Hühnerbeins gering zu halten.

OPTIONAL: ENTFERNEN DER DICKEREN SEHNEN

Dieser letzte Schritt ist optional, aber hilfreich, wenn man bedenkt, dass die Sehnen ungenießbar zäh sind. Achten Sie auf die Sehnengruppe am Ende des Unterschenkelfleisches. Entfernen Sie die dickeren Sehnen, indem Sie das Messer unter ihnen zum Kniegelenk führen. Schneiden Sie sie an der Stelle durch, an der sie in den Muskel übergehen. Die dünneren Sehnen enden meist 2,5 Zentimeter vor dem Fersengelenk. Suchen Sie diesen Punkt und schneiden Sie durch Muskeln und Sehnen. Achten Sie darauf, dass Sie nicht durch die darunterliegende Haut schneiden, wenn Sie das Bein später noch füllen oder aufrollen möchten.

Schauen Sie sich das Fleisch genau an. Suchen Sie mit den Fingern nach Knorpelresten oder Knochen, die eventuell noch entfernt werden müssen. Schneiden Sie Blutgerinnsel, Blutgefäße und andere Bindegewebeflächen ab.

Spatchcocking

Das Braten eines ganzen Hähnchens ist wunderbar einfach, hat aber auch einige Nachteile. Die zarten Fasern der Brust und die elastischen, geschmacksintensiven Fasern der Keulen garen unterschiedlich schnell. Wenn Sie also einen Vogel im Ganzen braten, werden die Brüste schnell zu stark und die Schenkel nicht ausreichend gegart. Durch die rundliche Oberfläche einer Hühnerkarkasse lassen sich Rubs und Saucen nur schlecht auftragen. Außerdem dauert das Braten eines ganzen Vogels oft länger als gedacht.

Hier ist Spatchcocking die passende Zubereitungsmethode. Hierbei wird einfach die Wirbelsäule des Vogels herausgeschnitten und das Brustbein gebrochen. Durch das Flachdrücken gart die Karkasse schneller und bietet gleichzeitig eine bessere Oberfläche zum Würzen. Mit einer Schere gelingt das schnell und einfach, aber mit einem scharfen Ausbeinmesser funktioniert es genauso gut.

HALBES HUHN MIT KNOCHEN

Die folgende Methode für das Spatchcocking eignet sich auch, um Hühnerhälften mit Knochen zu schneiden – eine angenehme Abwechslung zum Verarbeiten der ganzen Karkasse. So lassen sich Portionen einfacher handhaben und abwechslungsreicher würzen und einreiben. Arbeiten Sie nach den Schritten auf Seite 133 zum Spatchcocking. Nachdem Sie im letzten Schritt das Brustbein gebrochen haben, schneiden Sie zwischen den Brüsten nach unten durch das Brustbein und trennen so die beiden Hälften. Ein größeres Messer wie ein Metzgermesser oder eine Schere sind hier ideal.

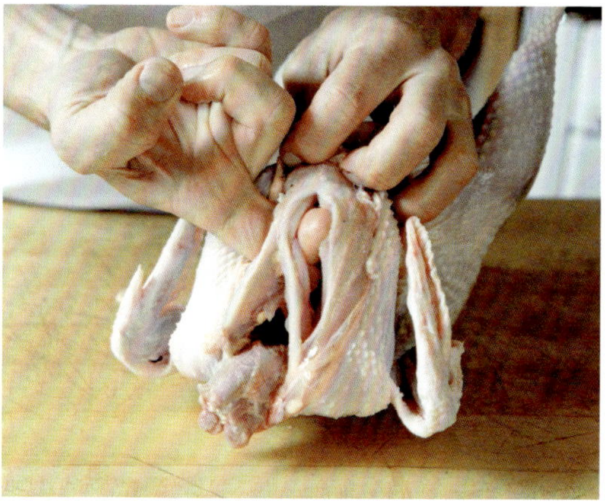

1. **ZIEHEN SIE DAS SCHLÜSSELBEIN HERAUS.** Ziehen Sie die Haut von der Vorderseite der Brüste ab und legen den Bereich am Schlüsselbein frei. Mit der Spitze des Messers folgen Sie dessen Form, ohne das Messer zu tief einzustechen. Ziehen Sie den Knochen mit dem Messer heraus oder halten Sie ihn mit einem Handtuch fest (für einen besseren Griff und zum Schutz der Hände – da der Knochen scharf sein kann, wenn er bricht).

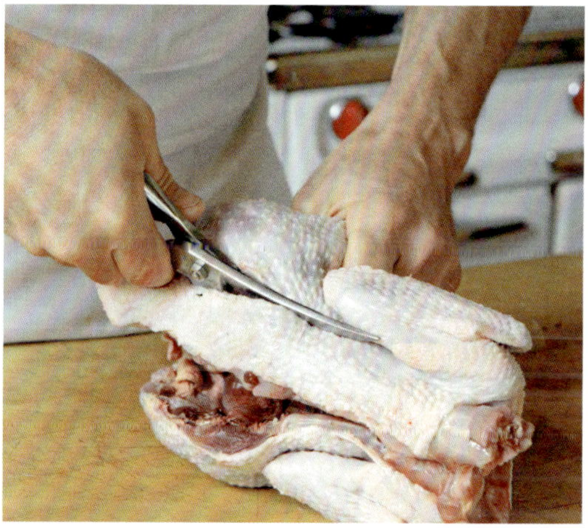

2. **ENTFERNEN SIE DIE WIRBELSÄULE.** Legen Sie die Karkasse mit der Brustseite nach unten auf den Tisch. Setzen Sie an der Rückseite an und schneiden Sie mit der Schere das Becken durch, wobei ein Teil (Darmbein) am Oberschenkel (Femur) verbleibt. Schneiden Sie parallel zur Wirbelsäule weiter durch die Rippen und andere Knochen, bis Sie eine Seite vollständig abgetrennt haben. Wiederholen Sie den Vorgang auf der anderen Seite. Bewahren Sie Wirbelsäule und I lals für eine Brühc auf.

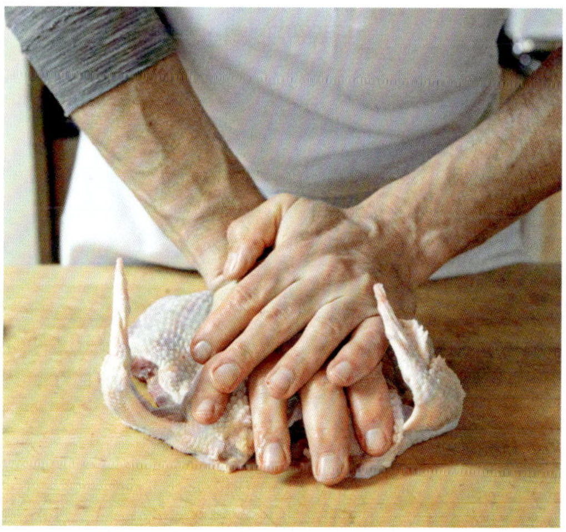

3. **BRECHEN SIE DAS BRUSTBEIN DURCH.** Legen Sie die Karkasse ohne Wirbelsäule mit der Hautseite nach oben. Sie bleibt, abgesehen vom Brustbein, das sich zwischen den Brüsten befindet, flach liegen. Drücken Sie auf das Brustbein, bis es knackt und die Karkasse flach auf dem Tisch liegt.

Ganzes Huhn ohne Knochen

Ich liebe zwar ganze Brathähnchen, sehne mich aber oft nach Zubereitungen, die kulinarisch kreativer sind und sich nach dem Braten einfacher portionieren lassen. Daher mag ich das ganze Huhn ohne Knochen. Es mag bedrohlich klingen, aber ich versichere Ihnen, dass das Entbeinen viel einfacher ist (und mehr Spaß macht), als Sie vielleicht denken. Wenn Sie dieses Buch bis hierher gelesen haben, werden Sie den Skelettaufbau eines Huhns verstanden haben und bereit sein, voller Selbstvertrauen weiterzumachen. Dieser Schritt wird Ihnen dann leicht gelingen. Das fertige Bratgut, normalerweise als Galantine (wenn es kalt serviert wird) oder Ballotine (wenn es warm serviert wird) bekannt, ist großartig und unendlich vielseitig, denn es gibt unzählige Arten der Füllung und das Portionieren könnte einfacher nicht sein.

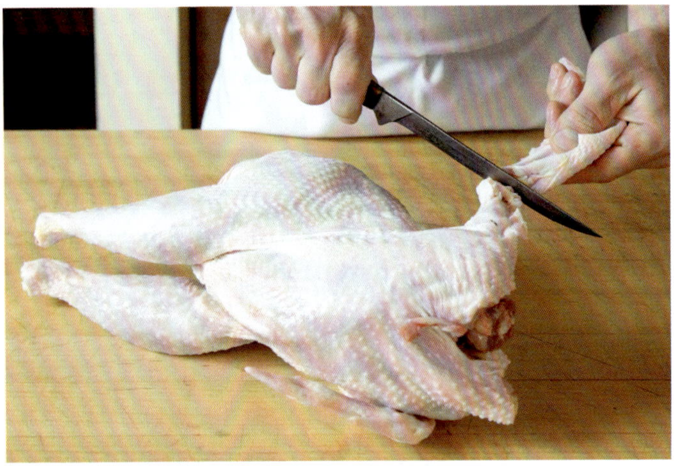

1. **ENTFERNEN SIE UNTERARM UND SPITZE.** Schneiden Sie am Flügel das Gelenk zwischen Oberarm (Drumette) und Unterarm (Flat) durch, sodass der Oberarm an der Karkasse verbleibt. Unterarm und Spitze (Tip) verwenden Sie später für eine Brühe.

2a

2b

2. **LÖSEN SIE DAS SCHLÜSSELBEIN AUS.** Ziehen Sie die Haut von der Vorderseite der Brüste ab und legen Sie die Stelle rund um das Schlüsselbein frei. Mit der Spitze des Messers folgen Sie dessen Form, ohne das Messer zu tief einzustechen.

Ziehen Sie den Knochen mit dem Messer heraus oder greifen Sie ihn mit einem Handtuch fest (für einen besseren Griff und zum Schutz der Hände – da der Knochen scharf sein kann, wenn er bricht).

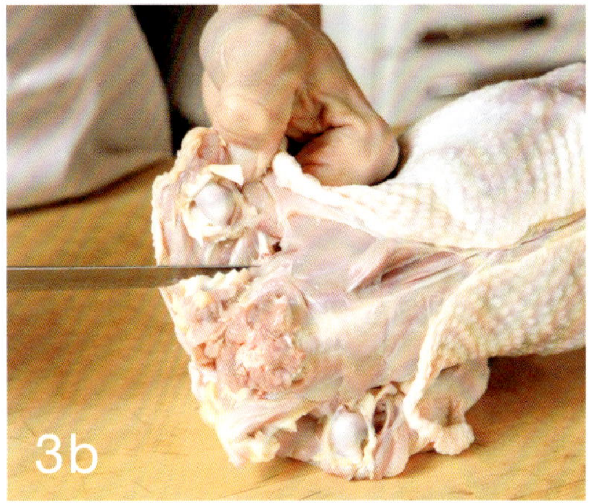

3. **TRENNEN SIE DEN UNTERARM AB.** Legen Sie die Karkasse mit der Brust nach unten und schneiden Sie die Haut entlang der gesamten Wirbelsäule ein, wobei Sie die Mitte anhalten. Dies ist das einzige Mal, dass Sie durch die Haut schneiden, denn der Rest soll völlig intakt bleiben. Bewegen Sie den Unterarmknochen hin und her, um das Gelenk zu finden, das ihn mit der Karkasse verbindet. Ziehen Sie die Haut in diesem Bereich ab und schneiden Sie das Gelenk durch. Wiederholen Sie den Vorgang auf der gegenüberliegenden Seite.

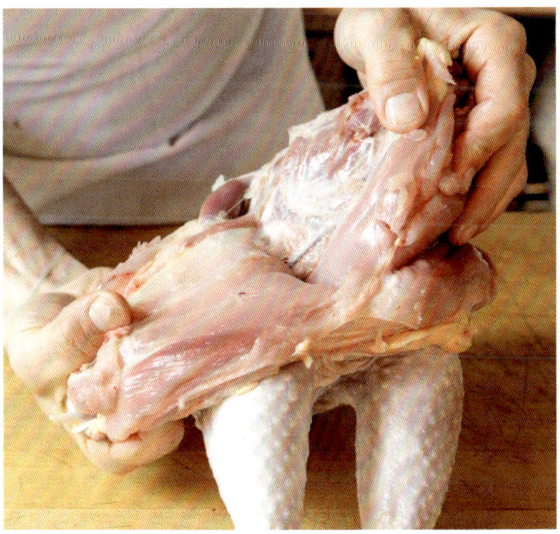

4. **ZIEHEN SIE DIE FLÜGEL AB.** Setzen Sie die Karkasse mit dem Schwanzende auf den Tisch. Fixieren Sie mit dem Daumen einer Hand den Flügel am gerade abgetrennten Gelenkende. Halten Sie mit der anderen Hand den Brustkorb und stabilisieren Sie die Karkasse auf dem Tisch. Benutzen Sie den Flügel als Hebel, entfernen Sie Flügel und Brustfleisch vom Brustkorb, indem Sie den Flügel von den Rippen heraus nach unten drehen. Halten Sie an, wenn Sie das Pfaffenstück (die Auster) des Oberschenkels sehen. Lassen Sie dieses zarte Stück an den Rippen. Wiederholen Sie den Vorgang auf der gegenüberliegenden Seite.

Fortsetzung auf der nächsten Seite

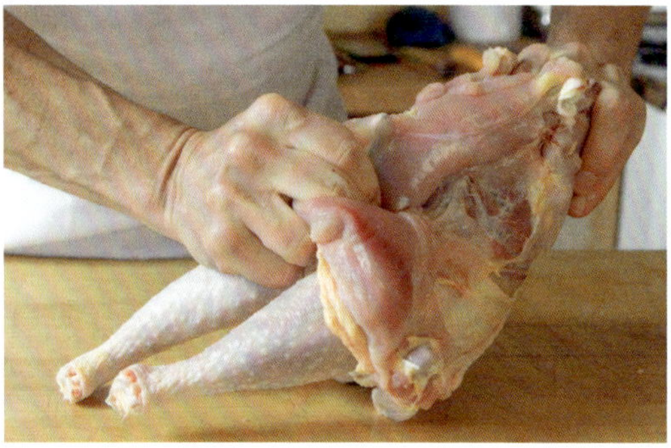

5. TRENNEN SIE DIE BRÜSTE. Während die Karkasse noch mit dem Schwanzende auf dem Tisch liegt und mit einer Hand fixiert wird, führen Sie zwei Finger der anderen Hand auf beiden Seiten des Schlüsselbeins ein, wo noch das Brustfleisch befestigt ist. Ziehen Sie beide Brustmuskeln und die Haut vom Schlüsselbein weg und nach unten zum Tisch. Das Brustfleisch sollte sich von Schlüsselbein und Rippen lösen, während die Oberschenkel noch verbunden sind.

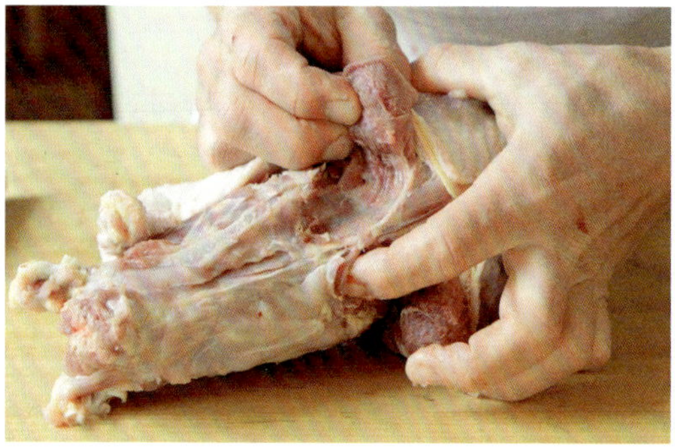

6. ENTFERNEN SIE DAS PFAFFENSTÜCK. Suchen Sie das Pfaffenstück (Seite 114). Setzen Sie einen kleinen Anfangsschnitt an der Vorderseite des Pfaffenstücks und schneiden dann weiter bis zum Knochen und durch die Bindegewebsschicht. Legen Sie das Messer beiseite und hebeln Sie das Pfaffenstück mithilfe des Fingers aus der Vertiefung.

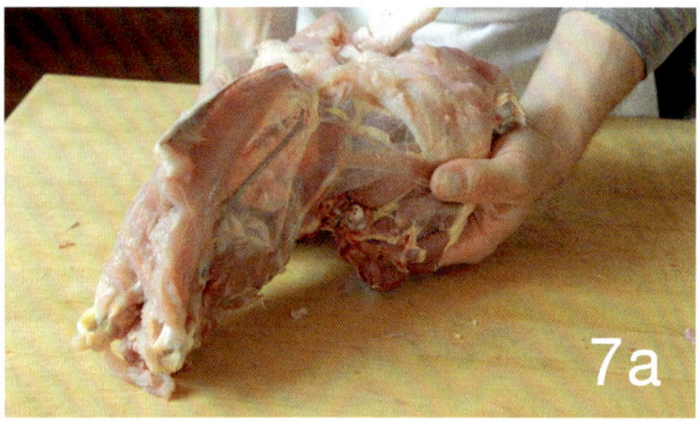

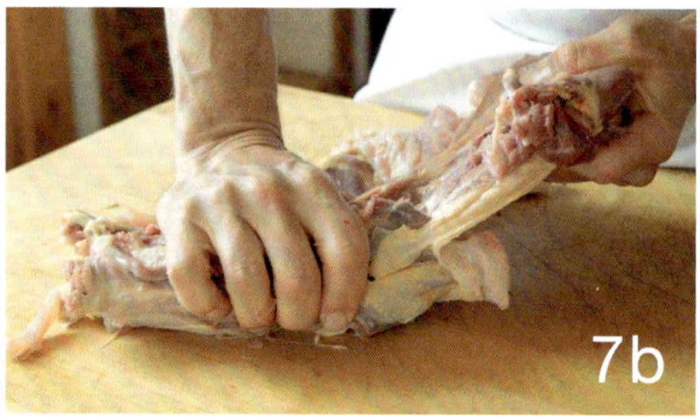

7. BRECHEN SIE DAS GELENK DES OBERSCHENKELKNOCHENS. Halten Sie die Karkasse in einer Hand und das Bein in der anderen. Ziehen Sie das Bein Richtung Becken und über den Rücken, bis das Gelenk bricht, das Oberschenkelknochen und Becken verbindet. Möglicherweise müssen Sie etwas Bindegewebe am Gelenk durchschneiden, wenn das Abtrennen sich als schwierig erweist. Sobald der Oberschenkelknochen abgetrennt ist, ziehen Sie das Bein zum Schwanz, um die restlichen muskulären Verbindungen zu entfernen. Wiederholen Sie die Schritte 6 und 7 auf der gegenüberliegenden Seite und ziehen Sie zum Schluss an allen restlichen Verbindungen, um Beine, Brüste und Flügel zusammen mit der Haut zu entfernen. Untersuchen Sie die abgetrennten Gelenke auf Knorpel- oder Knochenreste und entfernen Sie diese.

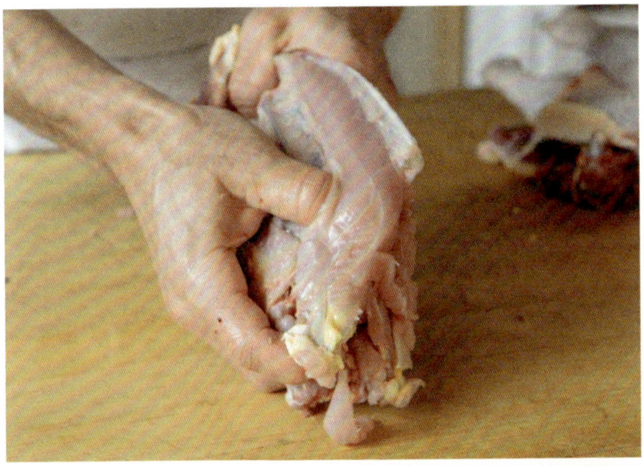

8. SÄUBERN SIE DIE BRUSTFILETS (TENDER). Gehen Sie mit den Fingern unter die Brustfilets und ziehen Sie sie vom Schlüsselbein ab. Entfernen Sie das Bindegewebe mit der Methode auf Seite 122.

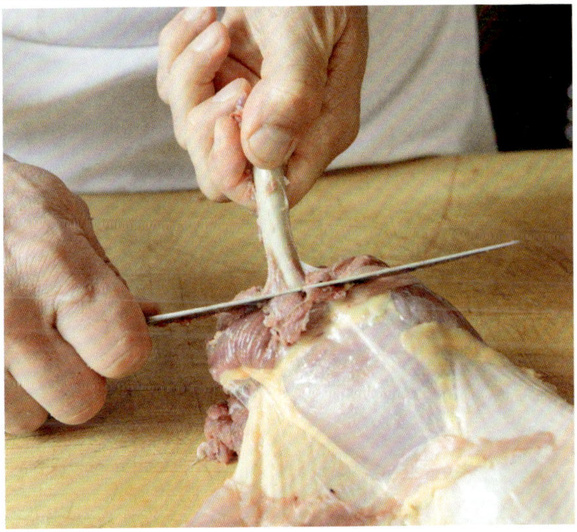

9. KRATZEN SIE DEN OBERSCHENKELKNOCHEN SAUBER. Legen Sie das entbeinte Huhn mit der Hautseite nach unten auf den Tisch, die Beine sind Ihnen zugewandt. Halten Sie das freigelegte Ende des Oberschenkelknochens und schneiden Sie so viel Fleisch vom Knochen, dass Sie ihn fest greifen können. Halten Sie den Oberschenkelknochen fest und kratzen Sie mit der Messerklinge das Fleisch vom Knochen, und zwar mit festen, schnellen Zügen vom freigelegten Ende Richtung Kniegelenk. Kratzen Sie um den Knochen herum, bis er bis zum Kniegelenk vom Fleisch befreit ist.

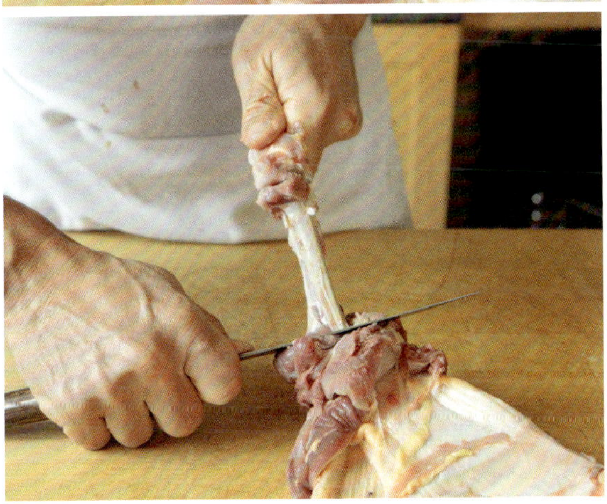

10. KRATZEN SIE DEN UNTERSCHENKELKNOCHEN SAUBER. Schneiden Sie vom Kniegelenk bis zu den Unterschenkelknochen das Fleisch weg. Nun kratzen Sie genau wie beim Oberschenkelknochen den Unterschenkel sauber bis zur Stelle, an der noch die Haut sitzt.

Fortsetzung auf der nächsten Seite

11. BRECHEN SIE DEN UNTERSCHENKELKNOCHEN. Drücken Sie die freigelegten Beinknochen wieder ein und legen Sie den Unterschenkel auf den Tisch. Mit der Rückseite eines schweren Messers oder eines Hackmessers brechen Sie den Schienbeinknochen genau über der Stelle, an der noch Haut befestigt ist. So behält der Unterschenkel beim Kochen seine Struktur und es entsteht keine Öffnung, aus der etwas auslaufen kann oder die beim Braten das Aussehen beeinträchtigt. Wiederholen Sie den Vorgang am anderen Bein.

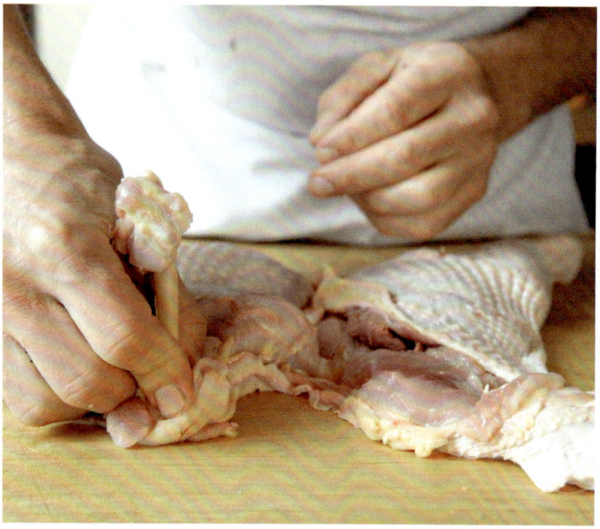

12. ENTBEINEN SIE DEN OBERARM. Schneiden Sie beim Knochen das Fleisch rund um das Gelenkende ab, das vorher mit dem Brustknochen verbunden war. Sobald das Fleisch um das Gelenk herum ausgelöst ist, stellen Sie den Oberarm auf den Tisch und drücken Sie das Fleisch nach unten, sodass kein Fleisch mehr am Oberarmknochen sitzt. Greifen Sie den Knochen (mit einem Handtuch als Hebel) und ziehen Sie ihn vollständig heraus. Wiederholen Sie den Vorgang am gegenüberliegenden Flügel.

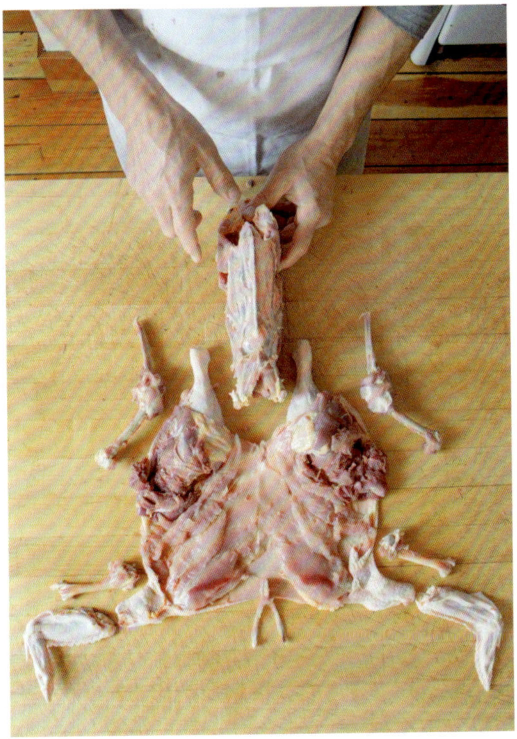

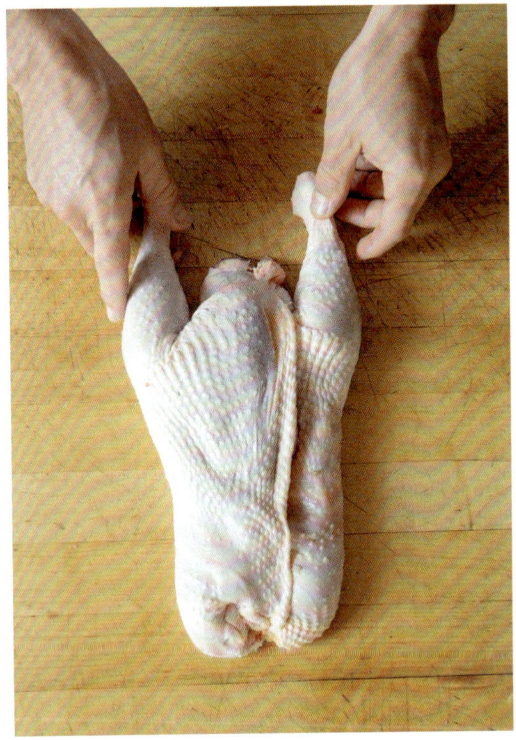

13. ORDNEN, FÜLLEN UND ZUSAMMENLEGEN DES HUHNS. Legen Sie das entbeinte Huhn mit der Hautseite nach unten auf den Tisch. Legen Sie die Filets zwischen Oberschenkel und Brust, damit das Fleisch gleichmäßiger auf der Haut verteilt ist. Geben Sie eine Füllung darauf und drücken Sie etwas davon in die Hohlräume der Keulen. Als Füllung eignen sich Gemüse, Würste oder andere Zutaten, die Sie gerade zur Hand haben. Falten Sie beide Seiten zur Mitte, sodass sie sich leicht überlappen, um ein Auslaufen während des Kochens zu verhindern. Binden Sie den Braten anschließend mit einem halben Schlag zusammen (siehe Anleitung auf Seite 140).

Halber Schlag

Der halbe Schlag ist weniger ein Knoten als vielmehr eine Methode, um Garn in einer Reihe von Schlaufen zu sichern. Er bietet keine große Zugfestigkeit, was ein Vorteil ist, wenn Sie nicht zu viel Druck bei Ihrer Zubereitung wünschen. Für die Ballotine- oder Galantine-Zubereitung (siehe Seite 134) eines normal großen Huhns benötigen Sie etwa 1,5 bis 2 Meter Metzgergarn – überraschend viel und abhängig von der Zahl der Schlaufen. Nehmen Sie lieber etwas mehr, bis Sie die Technik beherrschen.

1. BEFESTIGEN SIE DAS GARN. Verschließen Sie die Hautlappen und die hintere Öffnung mit dem Garn und machen Sie dann einen beliebigen Knoten. Achten Sie darauf, dass ein ausreichend langer Faden hängen bleibt, um in Schritt 5 alles gut zu verschnüren. Wenn die hintere Öffnung verschlossen ist, schlingen Sie das Garn um die Enden der Unterschenkel und sichern Sie diese mit einem weiteren Knoten.

2. LEGEN SIE EINE HALBSCHLAG-SCHLAUFE. Legen Sie das Garn zu einer Schlaufe in der Hand und stellen Sie sicher, dass das lose Garnende unten liegt. Legen Sie die Schlaufe vorn um den Braten und schieben Sie sie dann nach hinten – dabei bleibt das straff gespannte Garn dicht über der Tischplatte, damit sich Haut oder Fleisch nicht verfangen. Bewegen Sie die Schlaufe bis zum Unterschenkel und legen Sie die Schlaufe um die Oberschenkel. Ziehen Sie die Schlaufe um den Braten fest, indem Sie gleichzeitig an beiden Enden des Garns ziehen. Wenn der Braten mit flüssigeren Zutaten gefüllt ist, ziehen Sie nicht so fest, da sonst die Zutaten auslaufen könnten.

3. WIEDERHOLEN SIE DAS SCHLAUFENLEGEN. Legen Sie in Abständen weitere Schlaufen mithilfe der Halbschlag-Methode, die in Aussehen und Struktur Ihren Vorstellungen entsprechen. In der Regel wiederholen Sie diesen Vorgang vier bis fünf Mal. Ziehen Sie dabei die Schlaufen regelmäßig fest.

4. SICHERN SIE DIE VORDERSEITE. Legen Sie das restliche Garn auf die vordere Mitte des Bratens. Drehen Sie den Braten vorsichtig um. Klappen Sie überstehende Haut über den Braten, sodass das freiliegende Fleisch möglichst bedeckt ist. Ziehen Sie den Faden straff und führen Sie ihn unter und um die erste Schlaufe.

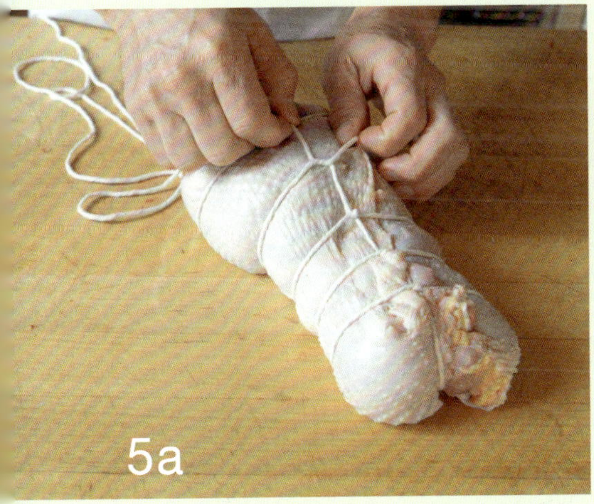
5a

5b

5. KEHREN SIE ZUM ANFANG ZURÜCK. Führen Sie das Garn weiter unter und um jede Schlaufe, bis Sie wieder am ursprünglichen Ankerknoten ankommen. Zum Schluss knoten Sie das Garn am herabhängenden Fadenende aus Schritt 1 fest.

Halb entbeintes halbes Huhn

Das Garen eines ganzen oder halben Huhns kann entmutigend sein, da die Garzeiten für Brust und Keule sehr unterschiedlich sind und eine falsche Zubereitung schnell dazu führt, dass das Brustfleisch von der Konsistenz her an Pappe erinnert. (Die Keule verzeiht da etwas mehr, da sie genügend Bindegewebe und Fett enthält.) Das Zubereiten eines halben Huhns in der Grillpfanne ist sogar noch verwirrender. Es sei denn, man entbeint es teilweise, eine Methode, bei der eine Airline-Brust entsteht – eine knochenlose Brust mit anhängendem Oberarm –, die durch die Haut mit einer Keule verbunden ist. Wenn Sie den Oberschenkelknochen auslösen und für die Unterkeule den Schmetterlingsschnitt wählen, kann die Hitze in die Teile eindringen, die sonst viel Zeit zum Garen benötigen, und Sie können unterschiedliche Teile gleichmäßig braten. So können diese verbunden bleiben und zusammen zubereitet werden. Hierbei liegt das Huhn flach in der Pfanne, sodass die Haut Kontakt hat und schnell schön knusprig wird.

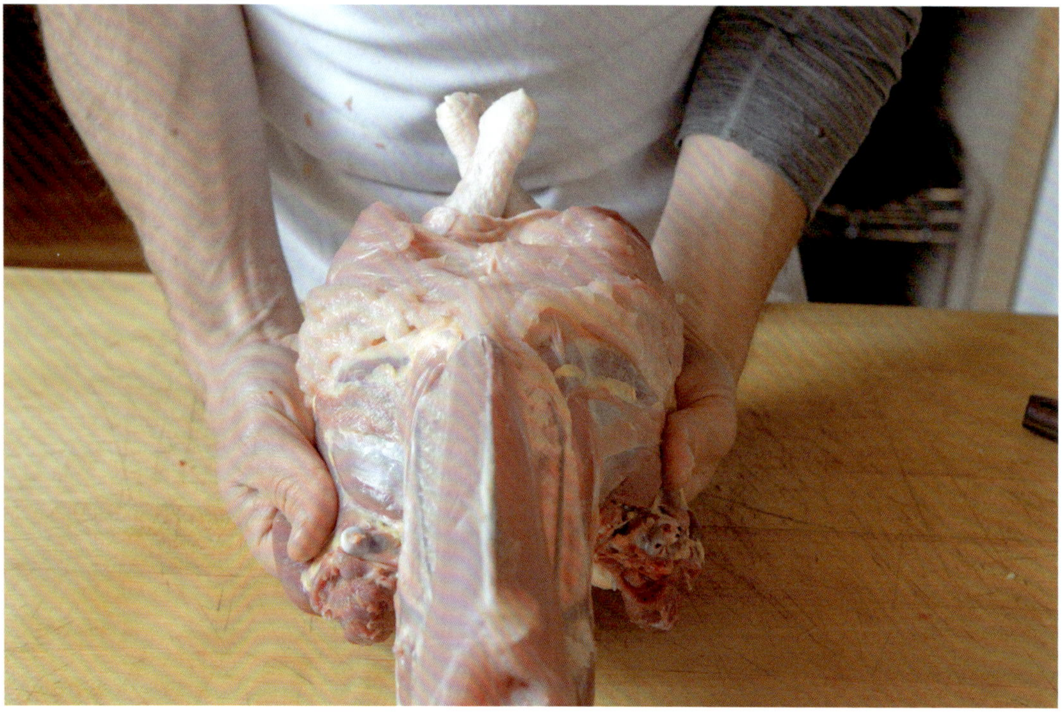

1. **ENTBEINEN SIE EIN GANZES HUHN IN TEILEN.** Folgen Sie den Schritten für ein Ganzes Huhn ohne Knochen auf Seite 134, wobei Sie nach Schritt 9 aufhören. Schneiden Sie das Huhn zwischen Brüsten und Beinen durch.

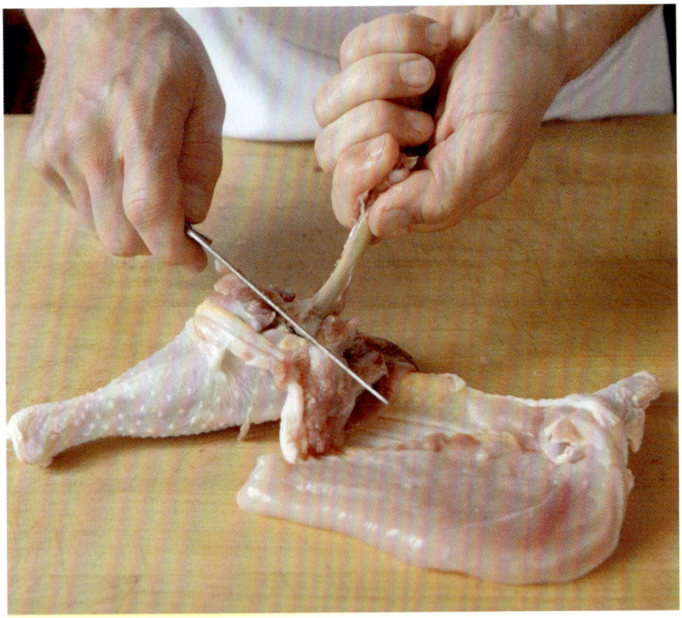

2. ENTFERNEN SIE DEN OBERSCHENKELKNOCHEN. Durchtrennen Sie das Kniegelenk zwischen Oberschenkel- und Unterschenkelknochen und entfernen Sie den Oberschenkelknochen. Wiederholen Sie den Vorgang mit dem anderen Bein.

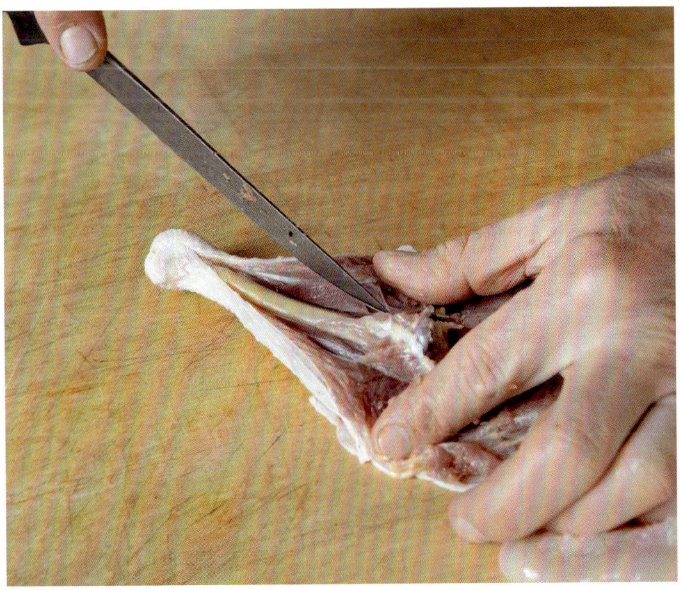

3. SCHNEIDEN SIE DEN UNTERSCHENKEL ALS SCHMETTERLING. Suchen Sie im Unterschenkel nach dem Hauptknochen (dem Schienbeinknochen). Schneiden Sie den Knochen über die gesamte Länge in der Mitte durch. Öffnen Sie das Fleisch ein wenig, um den Unterschenkel zum Schmetterling aufzuklappen. (Einfacher geht's, wenn Sie das Fleisch an beiden Seiten entlang des Knochens leicht einschneiden.) Wiederholen Sie den Vorgang mit dem anderen Bein. Jetzt haben Sie eine Airline-Brust, die mit einem teilweise entbeinten und zum Schmetterling geschnittenen Bein verbunden ist, oder ein halb entbeintes halbes Huhn.

CHICKEN BREASTS
CHICKEN LEGS

6

Verpacken & Einfrieren

Fleisch muss richtig verpackt und gelagert werden, damit die verarbeiteten Teile noch Monate oder Jahre später verwendet werden können. Wenn Sie Fleischprodukte nicht richtig verpacken und einfrieren, verlieren diese möglicherweise Nährstoffe, Geschmack und Feuchtigkeit, nehmen Fremdaromen auf und verändern ihre Textur. Die unregelmäßige Form der Geflügelprodukte – insbesondere bei ganzen Geflügelkarkassen – stellt eine Herausforderung beim Verpacken dar. Dieses Kapitel behandelt die wichtigsten Optionen, um Fehler beim Verpacken und Einfrieren von Fleisch zu vermeiden.

Einfrieren

Das Einfrieren von Lebensmitteln als eine Form der Konservierung gibt es schon seit Urzeiten, aber in vielen Gebieten der Welt war das Einfrieren bis zum Aufkommen der Tiefkühlgeräte nie eine Option. (Stattdessen wurde Salz in großen Mengen verwendet.) Heute ist das Einfrieren die wichtigste Methode, um Fleisch haltbar zu machen. Die meisten Haushaltskühlschränke sind mit Gefrierfächern ausgestattet, in denen Fleisch für kurze Zeit gelagert werden kann. Wenn man aber große Mengen über einen längeren Zeitraum lagern möchte, ist es am sinnvollsten, in einen freistehenden Gefrierschrank zu investieren.

Die Wirkung des Einfrierens

Sobald Lebensmittel einer Temperatur von -1 Grad oder weniger ausgesetzt sind, verfestigen sich die Flüssigkeiten. Dieser Prozess unterstützt die Haltbarmachung der Lebensmittel, denn bei kühlen Temperaturen verlangsamen sich (gleichwohl sie nicht aufhören) die chemischen und biologischen Prozesse, die den Verderb verursachen. Flüssiges Wasser ist nun in fester Form eingeschlossen, wodurch die Mikroben – Bakterien, Hefen und Schimmelpilze –, die Wasser benötigen, um ihre normalen Funktionen und ihre Vermehrung fortzusetzen, zum Stillstand kommen. Das bedeutet auch, dass sich die Enzymaktivität, die für Reifung und Verderb des Fleisches verantwortlich ist, auf ein unbedeutendes Tempo verlangsamt. Die fehlende Enzymaktivität ist der Grund, warum das Einfrieren von Fleisch vor der Totenstarre zu zähem, trockenem Fleisch führt. (Mehr zu Totenstarre und Taurigor siehe Seite 90.) Wenn die Bedingungen sich in der Folge nicht ändern, sorgt diese Wirkung – die Unterbrechung der Aktivität von Mikroben und Enzymen – dafür, dass die Fleischprodukte nicht verderben. Längere Gefrierzeiten können jedoch die Qualität negativ beeinflussen.

Zwischen 66 und 73 Prozent der Gesamtmasse des Fleisches besteht aus Wasser. Das bedeutet, dass beim Einfrieren der Hauptbestandteil des Fleisches von einem flüssigen in einen festen Zustand übergeht. Diese Veränderung kann erheblichen Schaden anrichten. Im Fleisch finden sich zwei Arten von Wasser:

- **EXTRAZELLULÄRE FLÜSSIGKEIT** ist Wasser außerhalb der Zellen. Es ist rein und enthält wenig gelöste Nährstoffe oder andere Substanzen wie Salz, Zucker oder Mineralien.
- **INTRAZELLULÄRE FLÜSSIGKEIT** befindet sich innerhalb der Zellen und enthält alle gelösten Bestandteile, die für die Zellfunktionen nötig sind.

Wenn sich zelluläre Bestandteile und andere gelöste Substanzen im Wasser befinden, verdichten sie den Raum für die Wassermoleküle und verhindern die Bildung von Bindungen beim Gefrieren des Wassers. Diese Unterbrechung der Fähigkeit der Moleküle zur Bindung bei Gefriertemperaturen macht niedrigere Temperaturen nötig, um in den festen Zustand überzugehen. Ein Prozess, der als Gefrierpunktserniedrigung bezeichnet wird. Während die extrazelluläre Flüssigkeit bei -1 Grad gefrieren kann, gefriert das intrazelluläre Wasser in der Regel bei -10 Grad. Sinkt die Fleischtemperatur unter den Gefrierpunkt, beginnt die extrazelluläre Flüssigkeit, feste Eiskristalle zu bilden. In gängigen Haushalts- oder kommerziellen Gefriergeräten (Temperaturen über -40 Grad) entwickeln sich diese Eiskristalle sehr langsam und werden größer, wenn sie ein Netzwerk bilden.

Auf diese Weise gefriert jede Art von Gewebe: Die gesamte extrazelluläre Flüssigkeit muss zunächst gefrieren, bevor die intrazelluläre Flüssigkeit gefrieren kann. Wenn sich aber extrazelluläre Eiskristalle bilden, entziehen sie den Zellen Flüssigkeit und konzentrieren die Substanzen in der intrazellulären Flüssigkeit – dieselben Stoffe, die das Gefrieren von Wasser behindern –, wodurch der Gefrierpunkt in den Zellen weiter sinkt und eine noch niedrigere Temperatur nötig wird, um einen wirklich festen, konservierten Zustand zu erreichen. Zudem entzieht die extrazelluläre Wasseraufnahme den Zellen Wasser, eine Erklärung, warum Gefrieren dem Fleisch schadet.

DER RICHTIGE TIEFKÜHLER

Bevor Sie Fleisch aus der Schlachtung verarbeiten, sollten Sie sich vergewissern, dass Ihr Tiefkühler ausreichend Platz bietet. In den meisten Fällen ist ein freistehender Gefrierschrank die beste Lösung. Freistehende Modelle bieten eine bessere Temperaturgenauigkeit, mehr Platz und etwas kürzere Gefrierzeiten als Tiefkühler, die mit einem Kühlschrank kombiniert sind. So kann das Fleisch besser haltbar gemacht werden. Die richtige Größe lässt sich manchmal schwer einschätzen – Sie brauchen genug Platz für das Fleisch und noch etwas mehr Raum, um alles besser ordnen und entnehmen zu können. Ein Anhaltspunkt sind etwa 25 Kilogramm Fleisch pro 0,6 bis 1 Kubikmeter Gefrierraum. Gefriertruhen nutzen den Platz sehr effizient, während ein Gefrierschrank übersichtlicher ist und sich das verpackte Fleisch leichter entnehmen lässt.

Die Bedeutung des schnellen Einfrierens

Das Wasser im Fleisch befindet sich in fragilen Strukturen wie Zellmembranen. Wenn das Wasser nun gefriert und sich ausdehnt, verursachen die scharfen Eiskristalle Risse in den Zellwänden. Je langsamer das Wasser gefriert, desto stärker die Ausdehnung und desto schärfer die Eiskristalle, was das wasserführende System noch stärker schädigt. Zu allem Überfluss wachsen die Kristalle weiter, nachdem das Produkt vollständig gefroren ist, und ziehen noch mehr Flüssigkeit aus den Zellen, was wiederum zu weiterer Austrocknung und weiteren Schäden führt.

Das Eis wirkt wie ein Pfropfen auf den Löchern in den Zellwänden und anderen Strukturen, aber wenn das Fleisch auftaut, sickert ein Teil des Wassers durch die Löcher und lässt Nährstoffe, Pigmente und Mineralien mit abtropfen, was als Tropfverlust (oder Ausfluss) bezeichnet wird. Vielleicht haben Sie das schon einmal erlebt: Wenn Sie einen gefrorenen Hähnchenschenkel auftauen, bildet sich eine Lache roter Flüssigkeit, die Sie vielleicht für Blut halten. Doch es ist klein Blut, sondern es sind vormals gefrorene Flüssigkeiten voller Nährstoffe und Proteine wie Myoglobin, das für die rote Färbung sorgt. (Mehr zu Myoglobin auf Seite 106.) Tropfverlust lässt sich kaum vermeiden und tritt bei allen Tiefkühlprodukten auf. Die abgetropfte Menge und die daraus resultierende Fleischqualität stehen in direktem Zusammenhang mit der Schnelligkeit des Gefrierens. Tropfverlust ist nicht das einzige Qualitätsrisiko, das durch die Bildung großer Eiskristalle entsteht. Diese Strukturen trennen auch Emulsionen – stabile Mischungen pürierter Stoffe wie Mayonnaise, Mousses oder Pasteten – und verursachen die Trennung von Fetten und Proteinen. Dies ist der Grund, warum Hühnerlebermousse und andere emulgierte Fleischprodukte nicht eingefroren werden sollten.

EINFRIEREN VON ORGANEN

Erst Organe – wie Leber oder Herz – lassen ein Tier wirklich leben. Während das gesamte Muskelgewebe ähnlich aussieht, unterscheiden sich die Organe aufgrund ihrer hochspezialisierten Funktionen erheblich voneinander. So werden sie zu einer großartigen Herausforderung für jeden Koch, bieten sie doch eine breite Palette an Texturen und Geschmacksnoten, die weit über denen des Muskelfleisches liegen.

Bei Organen ist Frische das A und O. Organgewebe hat in der Regel einen höheren Gehalt an Enzymen, um deren Aktivität zu fördern, und daher wird es schnell zersetzt. Muskelfleisch mag vom Reifeprozess profitieren, aber Organe zersetzen sich, sobald die Systeme, die die Enzyme kontrollieren und das Gleichgewicht im Körper halten, herunterfahren.

Das Einfrieren von Organen ist die beste Möglichkeit, um den Qualitätsverlust aufzuhalten, und zwar idealerweise unmittelbar nach dem Schlachten. Kühlen Sie die Organe in einem Eiswasserbad herunter. Sobald sie kalt sind, können Sie sie verpacken und einfrieren. Sie können auch eine Eisglasur zum Verpacken verwenden. (Weitere Informationen zur Eisglasur auf Seite 157.)

Nutzen Sie zu Hause am besten einen freistehenden Gefrierschrank mit Schnellgefrier- oder Tiefkühlfunktion, mit der Sie Gefriergut erst einmal einfrieren können.

ABTÖTEN VON KRANKHEITSERREGERN

Langsames Einfrieren schadet nicht nur den Zellstrukturen des Fleisches. Viele Bakterien und andere Mikroben, insbesondere Einzeller, können beim Einfrieren zerstört werden. Wie viele es sind und wie sich das auf das Fleisch auswirkt, ist nicht zu sagen. Deshalb ist es sicherer, das Einfrieren als eine Methode zu sehen, um die mikrobiellen Funktionen zu unterbrechen, statt sie zu zerstören.

AUSTROCKNEN VERMEIDEN

Die Bildung großer Eiskristalle ist eine der schädlichsten Folgen des Einfrierens, bleibt aber nicht das einzige Risiko. Gefrierbrand ist eine Form der Dehydrierung und Oxidation und entsteht durch den Kontakt des Gefrierguts mit Luft. Er wird durch Temperaturschwankungen oder eine falsche Verpackung hervorgerufen und kann Qualität und Nährwert von Tiefkühlprodukten stark beeinträchtigen. Auch wenn in den meisten Fällen das Produkt trotz Gefrierbrand noch verzehrt werden kann, so wird es ungenießbar.

Gefriergut kann austrocknen, obwohl das Wasser in einem festen Zustand gehalten wird. Die Luft im Gefrierschrank ist von Natur aus trocken. Wenn sie mit gefrorener Feuchtigkeit in Berührung kommt, setzt ein Prozess namens Sublimation ein, bei dem die festen Eiskristalle in gasförmigen Wasserdampf übergehen, ohne den flüssigen Zustand zu durchlaufen. Durch die Sublimation gelangt Feuchtigkeit aus dem Gefriergut an die Oberfläche, wo sie große Eiskristalle bildet und die betroffene Stelle dauerhaft austrocknet, also eine Art Gefriertrocknung. Die durch das fehlende Wasser entstehenden Ritzen und Löcher reflektieren das Licht und verursachen helle Flecken auf dem Fleisch. Außerdem bringt die Luft Sauerstoff in Kontakt zum Gefriergut, was zur Oxidation und zu dunkleren oder braunen Verfärbungen führt.

Die Grundregeln des Einfrierens

Die folgenden grundlegenden Empfehlungen können Ihnen helfen, die schädlichen Folgen des Einfrierens zu vermeiden.

EINE KONSTANTE TEMPERATUR

Bewahren Sie tiefgefrorene Lebensmittel in jedem Fall bei -18 Grad oder kälter auf und vermeiden Sie Temperaturschwankungen. Die Temperatur schwankt durch ein häufiges Öffnen des Gefrierschranks oder durch eine ungenaue Temperaturregelung am Gefrierschrank selbst. Durch Temperaturschwankungen können die Eiskristalle noch stärker wachsen, was wiederum zur zusätzlichen Beschädigung der Zellmembran, Tropfverlust und Feuchtigkeitsverlust führt. Wenn Ihr Gefrierschrank keine konstante Temperatur hält, stellen Sie ihn unter 0 Grad ein, um schädlichen Schwankungen vorzubeugen.

Gefrierbrand ist eine Form der Dehydrierung und Oxidation und entsteht durch den Kontakt des Gefrierguts mit Luft.

EINFRIEREN BEUGT NICHT DEM VERDERBEN VON FLEISCH VOR

Das Einfrieren verbessert nicht die Qualität des Fleisches, sondern dient lediglich dazu, die Qualität des Produkts so zu erhalten, wie sie vor dem Einfrieren war. Tatsächlich verliert jedes tiefgefrorene Fleisch an Qualität, auch wenn mit richtiger Vorgehensweise und Ausstattung der Qualitätsverlust minimiert werden kann. Deshalb sollten Sie mit einem hochwertigen Produkt beginnen und kein Fleisch nehmen, das zu verderben beginnt, wenn Sie es einfrieren. Einfrieren beugt nicht vor, dass das Fleisch verdirbt. Sie können nicht erwarten, dass dadurch Mikrobenkolonien reduziert werden, die ansonsten das Verderben oder lebensmittelbedingte Krankheiten auslösen.

VOR DEM EINFRIEREN PORTIONIEREN

Portionieren Sie Ihr Fleisch vor dem Einfrieren je nach Bedarf – es ist sinnvoll, Flügel zusammen zu verpacken oder Oberschenkel mit oder ohne Knochen, oder aber Hackfleisch in Mengen von 500 Gramm. So vermeiden Sie es, Portionen erst aufzutauen und dann teilweise wieder einzufrieren, was sich nachteilig auf die Fleischqualität auswirkt.

Je größer das Fleischstück oder die Packung, desto länger dauert das Einfrieren und desto höher das Risiko einer Zellschädigung. Die Gefrierzeit wächst exponentiell zur Dicke – wenn Sie Beine in zwei Schichten verpacken, dauert das Einfrieren vier Mal so lange wie das Einfrieren einer einzelnen Schicht. Kleinere Fleischpakete lassen sich schneller einfrieren und behalten so über einen längeren Zeitraum ihre Qualität. Wenn gleichzeitig mehrere Stücke zum ersten Mal eingefroren werden, sollten diese auf die einzelnen Schubfächer des Gefrierschranks verteilt werden, damit sie schnell und gleichmäßig gefrieren. Nutzen Sie die Möglichkeit des Schnellgefrierens oder Tiefgefrierens, falls Ihr Gerät über diese Funktion verfügt. Neues Gefriergut sollten Sie nicht stapeln oder zu dicht packen. Gefriergut braucht einen kalten Luftstrom, der jede Oberfläche erreicht, um ein optimales Ergebnis zu erzielen.

MAGERES FLEISCH IST LÄNGER HALTBAR

Fett oxidiert und verdirbt schneller als mageres Fleisch. Daher behalten magerere Fleischstücke länger ihre Qualität als fette. Ungesättigte Fette oxidieren und verderben schneller als gesättigte Fette. Aus diesem Grund bleibt Geflügel, das einen relativ hohen Anteil an ungesättigten Fetten enthält, nicht so lange schmackhaft wie Zuschnitte von rotem Fleisch. Hackfleisch verdirbt schneller als ganze Fleischstücke, weil es eine größere Oberfläche hat und daher anfälliger für Oxidation und andere chemische Veränderungen ist.

GEKOCHTES UND GEPÖKELTES FLEISCH LÄSST SICH NICHT GUT EINFRIEREN

Gekochtes und gepökeltes Fleisch lässt sich im Vergleich zu frischem, ungekochtem Fleisch nur schlecht einfrieren. Das liegt daran, dass das Kochen zu einem erheblichen Feuchtigkeitsverlust führt. Da das Fleisch weniger Feuchtigkeit enthält, ist die Wirksamkeit des Einfrierens geringer.

Verpackung

Die Verpackung ist quasi ein Schutzschild für Ihr Fleisch und schützt es vor den schädlichen Folgen des Gefrierens. Wird Fleisch unsachgemäß verpackt, verliert es den Kampf gegen Eis und Oxidation und wird trocken, schlaff und ungenießbar. Mit den richtigen Utensilien und der richtigen Methode können Sie es jedoch so lagern, dass Sie kaum einen Qualitätsverlust feststellen.

Die Grundregeln des Verpackens

Die Verpackung zum Einfrieren hat ein Ziel: Die Qualität des Produkts soll möglichst lange erhalten bleiben. Wenn Sie sich überlegen, welche Materialien Sie auf welche Weise verwenden wollen, sollten Sie sich an einer einzigen Frage orientieren: Ist mein Produkt so lange haltbar, wie ich es brauche? Die Verpackungstechnik hat sich in den Jahrzehnten, seit das Einfrieren im Handel und zu Hause zum Standard wurde, stark weiterentwickelt, aber einige einfache Regeln, die auf wissenschaftlichen Grundsätzen beruhen, sind unverändert geblieben. Zum Glück gelten diese für die Lagerung von frischen und tiefgefrorenen Waren gleichermaßen.

LUFTDICHTHEIT

Verpackungen für den Gefrierschrank müssen luftdicht sein. Sie müssen auch Feuchtigkeit und Verdampfung verhindern, damit das Fleisch überhaupt haltbar bleibt. Durchlässige Materialien lassen Luft und Feuchtigkeit durch, was zu Gefrierbrand und schnellem Verderben führt. Daher sollten Sie Fleisch niemals in der herkömmlichen „Ladenverpackung" – etwa ein Schaumstofftablett mit Abtropfschale, eingewickelt in Plastik – einfrieren. Bei einer solchen Verpackung kann die Luft ein- und ausströmen, sodass das Fleisch anfängt zu „blühen". Ein Prozess, bei dem das Myoglobin, das Protein, das für die Färbung des Fleisches verantwortlich ist, oxidiert und die Fleischfarbe von blassen oder violetten Tönen zu kräftigen Rottönen übergeht, die wir gemeinhin mit gesundem Fleisch assoziieren. Bei Hühnerfleisch ist diese Farbdifferenzierung hauptsächlich in den Beinen sichtbar, da die arbeitenden Muskeln eine höhere Menge an Myoglobin enthalten. (Mehr über Myoglobin siehe Seite 106.)

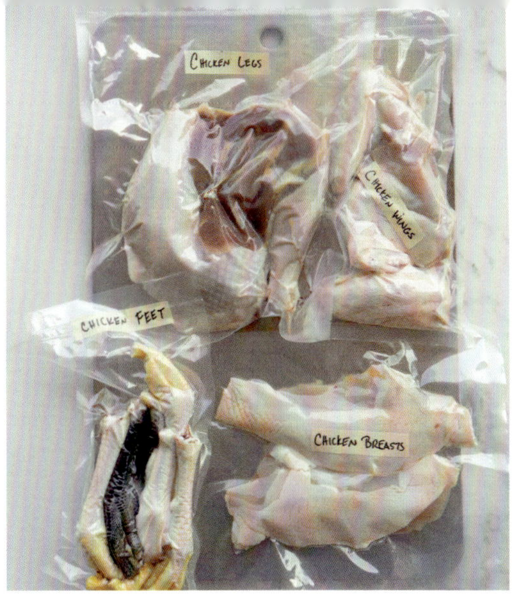

Dicht verschlossene Verpackungen bewahren die Frische, eine klare Etikettierung erleichtert das Auffinden.

AUSTRITT VON INNENLUFT

Luft und Feuchtigkeit von außen können der Verpackung nichts anhaben, aber sie sollte den Austritt von möglichst viel Innenluft fördern. Ideal ist eine dicht anliegende Verpackung, wobei das Außenmaterial möglichst durchgehend die Oberfläche des Fleisches berührt. Dadurch wird verhindert, dass Luft an die Oberfläche gelangt. Flexible Materialien sind die beste Wahl für nicht flüssige Produkte, und reißfeste Verpackungen legen sich fest um das Fleisch, wenn die Luft herausgedrückt wird. Jedes verwendete Material sollte sich nach dem Auftauen leicht vom Fleisch entfernen lassen.

HALTBARE, LEBENSMITTELGEEIGNETE MATERIALIEN

Materialien sollten aus einem geruchs- und geschmacksneutralen, lebensmittelgeeigneten Stoff sein und vor der Übertragung von Fehlaromen schützen. Seine Undurchlässigkeit sollte auch die Übertragung von Fehlaromen zwischen Produkten in derselben Kühlung verhindern. (Das Letzte, was Sie wollen, ist, dass Ihr Huhn wie sein Plastikbehälter oder der gefrorene Fisch daneben riecht.) Rissbildung, Sprödigkeit oder andere schädliche Verformungen sollten während des Einfrierens niemals auftreten, wenn Feuchtigkeit sich ausdehnt oder das Produkt auf unbestimmte Zeit bei niedrigen Temperaturen gelagert wird. Wahrscheinlich müssen Sie Ihr Gefriergut von Zeit zu Zeit umpacken. Daher muss die Verpackung das Produkt schützen und gleichzeitig strapazierfähig genug sein, um einer Abnutzung zu widerstehen. Bevorzugen Sie Verpackungslösungen, die ein bequemes Lagern, Stapeln und Organisieren ermöglichen.

RICHTIGE ETIKETTIERUNG

Erstellen Sie Etiketten, die Sie leicht lesen können, ohne den Artikel erst in die Hand nehmen zu müssen. Andernfalls müssen Sie den ganzen Gefrierschrank durchsuchen und auf der Suche nach einem bestimmten Stück auch alle anderen Packungen in die Hand nehmen. Die meisten Fleischverpackungen sind Einwegverpackungen, sodass die nötigen Angaben mit einem hochwertigen Permanentmarker direkt auf das Etikett geschrieben werden. Ein weißer oder farbiger Untergrund verbessert die Lesbarkeit. Kurzzeitig aufgeklebte Etiketten sollten einen gefrierfesten Klebstoff aufweisen. Wiederverwendbare Behälter, meist für Flüssigkeiten verwendet, sollten Platz für eine geeignete vorübergehende Etikettierung haben.

BEZAHLBARE VERPACKUNGEN

Die Verpackung muss erschwinglich sein und in Ihr Budget passen. Teure Lösungen gibt es reichlich, aber es werden auch kostengünstige Alternativen angeboten. Während der Schutz Ihres Produkts wichtig ist, sollte auch die Wirtschaftlichkeit ein Faktor sein. Und wer seine Produkte verkauft, sollte auch die Ansprüche der Kunden im Blick haben.

Verpackungslösungen

Derzeit gibt es keine einzige Verpackungsart, die gleichermaßen perfekt und erschwinglich ist, obwohl einige Lösungen diesem Anspruch sehr nahe kommen – es gibt ideale bis einfache Verpackungen. Legen Sie Ihre Prioritäten fest, indem Sie Ihre Produkte und Vorlieben berücksichtigen. Je nach zu verpackendem Produkt kann die beste Lösung auch eine Kombination mehrerer Techniken sein.

VAKUUMVERSIEGELUNG

Die Vakuumversiegelung ist bei Weitem die beste Möglichkeit, um verderbliche Fleischprodukte zu verpacken. Es ist die einzige Methode, die für jede Tierart geeignet ist und unter allen Bedingungen funktioniert. Die Innenluft wird unter Druck herausgezogen, sodass sich die flexiblen Beutel fest um die Produktoberfläche legen. Die Beutel aus lebensmittelechtem Kunststoff werden durch

Wärmeeinwirkung dauerhaft versiegelt und können für Produkte in jeder Form und Größe verwendet werden. Zudem ist das Verfahren schnell und einfach durchzuführen.

Die Vakuumversiegelung hat allerdings auch Nachteile. Erstens müssen Sie sich einen Vakuumierer anschaffen, der auch Ihre Mengen bewältigen kann, was schnell teuer wird. Zweitens: Balkenvakuumierer – die günstigeren Modelle für den Hausgebrauch – sind nicht so gut für Flüssigkeiten oder sehr feuchte Produkte geeignet (dies gilt nicht für rohes Fleisch). Drittens sind Vakuumbeutel in der Regel teurer als andere Optionen, selbst in großen Mengen, und zudem anfällig für Löcher, sodass trockene Luft eindringen und Gefrierbrand verursachen kann (auch wenn dieser nur geringfügig ist). Trotz dieser Vorbehalte ist die Vakuumversiegelung noch immer die beste Lösung für viele Verarbeiter, insbesondere wenn sie mit verschiedenen Tieren zu tun haben.

Es gibt zwei Arten von Vakuumiergeräten: Balkenvakuumierer und Kammervakuumierer.

BALKENVAKUUMIERER. Dies sind die gebräuchlichsten Vakuumier für den Hausgebrauch. Die Handhabung ist einfacher als beim Kammervakuumierer, wodurch sie erschwinglicher und insgesamt kleiner sind. Ihr größter Nachteil ist, dass damit keine Flüssigkeiten oder sehr feuchte Produkte vakuumiert werden können. Außerdem sind die Beutel teuer. (Billige Geräte lohnen sich nicht, da die Hersteller vor allem an den Beuteln verdienen.)

Jedem Modell liegt zwar eine spezielle Gebrauchsanweisung bei, aber das Konzept ist bei allen gleich: Beginnen Sie mit einem Beutel, fertig gekauft oder von der Rolle geschnitten, der

TIPPS FÜR EINE BESSERE VAKUUMIERUNG

- Aus Kostengründen sollten Sie sich gemeinsam mit anderen einen Vakuumierer kaufen, den jeder nutzen kann.
- Um Einstiche zu vermeiden, verwenden Sie bei nicht entbeinten, zerlegten Teilen und solchen mit knochigen oder scharfen Kanten zusätzliche Polsterungen. Sie können auch aufgeschnittene Teile von Vakuumbeuteln oder einen vorgefertigten Knochenschutz verwenden, um die problematischen Bereiche abzudecken. So liegt die Plastikschicht dort doppelt, bevor Sie den Beutel verschließen. Scharfe Kanten können Sie mit einer Feile glätten.
- Ein großer Beutel kann zwar für jedes beliebig große Produkt verwendet werden, doch Sie sparen, wenn Sie unterschiedliche Beutelgrößen kaufen, je nach Größe des Produkts.
- Hohle Fleischteile, wie ein ganzes Huhn, können Sie mit Plastikfolie füllen, um die Form zu halten.
- Bevor Sie einen Beutel füllen, falten Sie den Rand etwa 7,5 Zentimeter nach unten (normalerweise der Abschnitt, der verschmolzen wird), um einer Verschmutzung mit Fetten oder Nässe vorzubeugen, die eine saubere Versiegelung verhindert.

Verpacken von Lebensmitteln mit dem Balkenvakuumierer

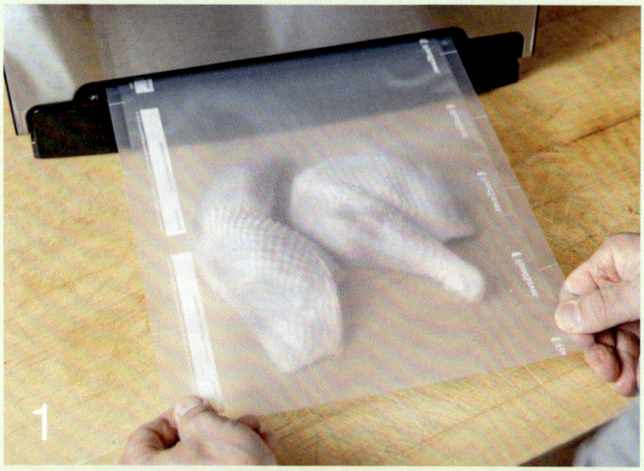

1. Messen Sie die Länge des Beutels, die für den Inhalt benötigt wird.

2. Schneiden Sie den Beutel von der Rolle ab und verschweißen Sie ein Ende.

3. Falten Sie den Rand des Beutels nach unten und legen Sie das Fleisch hinein.

4. Falten Sie den Rand des Beutels zurück und legen Sie den Beutel gerade auf den Versiegelungsstreifen – das offene Ende des Beutels liegt in der Saugkammer.

5. Schließen Sie den Deckel und beginnen Sie mit dem Absaugen der Luft aus dem Beutel.

6. Wenn eine ausreichende Vakuumierung erreicht ist, wird das Gerät den Beutel dauerhaft verschließen.

groß genug ist, damit das Produkt hineinpasst und der Beutel gut verschlossen werden kann. Legen Sie das Produkt hinein, positionieren Sie den Beutel im Gerät und starten Sie mit dem Vakuumieren. Die Luft wird abgesaugt, der flexible Beutel legt sich fest um das Produkt und der Beutel wird versiegelt.

KAMMERVAKUUMIERER. Industriell genutzte Vakuumierer zum Versiegeln von Lebensmitteln werden auch als Kammervakuumierer bezeichnet. Der Beutel mit dem Lebensmittel wird in die Kammer eingelegt, wobei die Öffnung des Beutels über einem Versiegelungsstreifen liegt. Bei geschlossener Kammer wird Luft aus der Kammer gepumpt, wodurch innen eine Unterdruckumgebung oder ein Vakuum entsteht. Sobald der Solldruck erreicht ist, wird der Beutel versiegelt und der Druck in der Kammer wieder abgelassen. Da der Beutel versiegelt wurde, als sich fast keine Luft in der Kammer befand, hat sich der Beutel nach dem Öffnen der Kammer fest um das Lebensmittel gelegt. Deshalb kann der Beutel auch Flüssigkeiten enthalten. Bei Kammervakuumierern können Sie außerdem die Stärke des Zusammenpressens steuern, was hilfreich ist, wenn Sie mit fragilen Teilen (ganze Hühner, die bei Druck zusammenfallen) oder mit Produkten, die ihre Form behalten sollen (Würste in Därmen), arbeiten. Das Zusammenpressen beschleunigt auch den Marinierprozess: Wenn Fleisch und Flüssigkeit vakuumiert werden, presst der Druck die Marinade in das Fleisch. Zwar sind Kammervakuumierer teurer in der Anschaffung, aber die Beutel sind günstiger und das System ist robuster, sodass Kammervakuumierer gegenüber Balkenvakuumierern insgesamt die bessere Investition sind.

SCHRUMPFBEUTEL

Schrumpfbeutel sind eine großartige, kostengünstige Möglichkeit, um Fleisch zu verpacken, und erfordern im Gegensatz zum Vakuumieren keine teure Ausstattung. Sie sind besonders ideal und wirtschaftlich, wenn ganze Hühner oder deren einzelne Teile zu verpacken sind. Sie benötigen lediglich zwei Utensilien: einen Behälter, der groß genug ist, um das gesamte Produkt einzutauchen, und eine Wärmequelle, die das Wasser auf einer Temperatur von ca. 88 Grad hält. Sie brauchen außerdem eine Nadel oder einen anderen scharfen Gegenstand, mit dem Sie ein kleines Loch in den Kunststoff stechen können, sowie Klebeetiketten für die Beutel. (Die Aufkleber dienen zweierlei: Information über das Gefriergut und Abdeckung für das kleine Loch, durch das überschüssige Luft entweichen kann.) Die lebensmittelechten Beutel, die Sie am einfachsten online bestellen, müssen dick genug sein, um harte und weiche Gegenstände hineinlegen zu können, ohne dass diese durchstechen. Suchen Sie also Beutel, die speziell für Ihre Produkte geeignet sind.

Wie jede flexible Kunststoffverpackung können die Schrumpfbeutel durchstochen werden. Aber im Gegensatz zu vakuumierten Beuteln werden Schrumpfbeutel nicht mit Luft geflutet, wenn sie durchstochen werden, da im Inneren kein Vakuum existiert (eine Umgebung mit geringerem Gasdruck als in der umgebenden Atmosphäre). Durchstochene Schrumpfbeutel lassen also geringe Mengen Luft eindringen, behalten aber ihre Form und umschließen weiterhin dicht das Gefriergut. Dies ist ein enormer Vorteil gegenüber der Vakuumierung.

Schrumpffolie hat aber auch ihre Schattenseiten. Die Wassertemperatur lässt sich oft schlecht konstant halten: Ist das Wasser ein

SICHER UND GUT VERPACKT

Sie können das Gefriergut zuerst in Aluminiumfolie einpacken, aber es ist schwierig, diese hermetisch abzudichten. Außerdem reißt sie leicht ein. Als zusätzliche Maßnahme gegen oxidierende Elemente ist Alufolie jedoch eine ausgezeichnete Wahl. Nach dem Einwickeln in Plastikfolie bedecken Sie das Fleischstück mit einer Lage Alufolie, wobei Sie die Ränder sorgfältig verschließen. Dann wickeln Sie alles in Papier ein. Diese zusätzliche Schutzschicht ist empfehlenswert bei Fleischzuschnitten mit scharfen Kanten (wie Zuschnitte mit Knochen) oder bei anderen großen Teilen.

wenig zu heiß, können die Beutel zu stark schrumpfen oder schmelzen und das Produkt wird brühend heißem Wasser ausgesetzt. Ist es zu kalt, schrumpfen die Beutel nur teilweise und härten dann aus, sodass ein zweiter Schrumpfversuch selbst bei passender Temperatur schwierig wird. Die Beutel schrumpfen nur bedingt, sodass Sie eine Reihe von Beutelgrößen für Produkte mit erheblichen Größenunterschieden bereithalten sollten. Der Prozess ist nass und verursacht Schmutz, diese Verpackungsart wird häufig im Freien durchgeführt. Hinzu kommt, dass bei dem Vorgang oftmals mit der Methode von Versuch und Irrtum, nicht mehr benutzbaren Beuteln und möglicherweise beschädigten Produkten zu rechnen ist, bis es endlich klappt. Und in Schrumpffolie verpackte Produkte können auch nicht einfach so in Eiswasser getaucht werden – eine der empfohlenen Auftaumethoden –, da die Beutel durchstochen sind und die Öffnung niemals dauerhaft versiegelt ist (Gefrieretiketten sind nicht wasserfest).

GEFRIERGUT-VERPACKUNGEN

Sie können Teile auch mit der Hand einpacken, und es gibt viele Arten von Materialien, die Sie zu Hause verwenden können. Die größte Herausforderung beim manuellen Einwickeln ist, dass die Verpackung auch wirklich luftdicht ist und fest anliegt. Die beste Wahl ist eine feuchtigkeitsundurchlässige Plastikfolie. Die Elastizität von Kunststofffolie passt sich verschiedenen Formen an, sodass sie fest am Gefriergut anliegt und mehr Luft herausgedrückt wird. Dieses Material ist oft billiger als jeder andere Beutel, vor allem wenn Sie größere Mengen kaufen. Aber es gibt einen Nachteil: Sie brauchen eine weitere Lage und müssen zum Schutz vor dem Durchstechen möglichst Gefrier- oder Metzgerpapier zusammen mit Frischhaltefolie verwenden. Jedes geeignete Papier ist zweilagig: eine Außenseite aus Papier und eine Innenseite aus dünner Plastikfolie, die die Luft abhält.

Diese Methode eignet sich gut für kleine Teile sowie für portionierte Teilstücke oder Hackfleisch, ist aber umständlich und weniger effektiv bei ganzen Vögeln. Außerdem nimmt das Einwickeln in Plastik und Papier mehr Zeit in Anspruch als eine einstufige Lösung. Bei Produkten ohne einheitliche Form leidet das Aussehen, da das Verpacken in Papier schwierig ist. In Folge lässt sich das Produkt schlechter verkaufen – es sieht nicht so gut aus und ist durch die blickdichte Verpackung verdeckt. Der Hauptvorteil beim Verpacken von Hand liegt in der Kosteneinsparung bei den Materialien (trotz der zwei Schichten) und es muss auch keine Ausrüstung angeschafft werden.

EISGLASUR

Eine weitere wirksame Methode, um Luft und andere oxidierende Elemente vom Fleisch fernzuhalten, ist das Einfrieren in Eis, ein Prozess, der auch als Eisglasur bezeichnet wird, einfach und unglaublich wirksam ist. Ist das Fleisch in Eis eingeschlossen, ist die Wahrscheinlichkeit einer Oxidation sehr gering. Es kann zu einer gewissen Sublimation kommen, aber die Auswirkungen auf das Gefriergut sind eher gering. Diese Methode eignet sich am besten für Organe und kleine Karkassen von Stubenküken, kleinen Hühnern und Wildvögeln. Alles, was größer ist, wie etwa Hühnerkarkassen, ist beim Lagern und Auftauen zu sperrig.

Nehmen Sie einen wasserdichten Behälter, der groß genug für die gewünschten Teile ist, wenn sie mit Wasser bedeckt sind. (Organe sollten in praktischen Mengen eingefroren werden und Karkassen am besten einzeln.) Legen Sie die Teile in den Behälter und bedecken Sie sie mit Wasser. Stellen Sie den Behälter vorsichtig in den Gefrierschrank und decken Sie ihn locker ab, sodass noch etwas Luft entweichen kann (um zu verhindern, dass der Deckel abplatzt). Lassen Sie ihn 24 Stunden stehen und verschließen Sie ihn dann fest, um ihn länger zu lagern. Mit Eis glasierte Teile können Sie wie andere tiefgefrorene Teile auftauen, obwohl Sie am besten noch etwas unter den Auftaubehälter stellen, da beim Einfrieren und Lagern Risse im Behälter entstanden sein könnten.

ZIPLOCKBEUTEL

Zum Schluss noch die am wenigsten wünschenswerte Verpackung in Ziplockbeuteln. So entsteht garantiert Gefrierbrand, je nachdem, wie lange Sie die gefrorene Karkasse lagern. Verwenden Sie Ziplockbeutel nur für kurze Lagerzeiten – höchstens einige Tage oder Wochen – und versuchen Sie, so viel Luft wie möglich zu entfernen. Ein Staubsaugerschlauch (natürlich desinfiziert und an einen funktionierenden Staubsauger angeschlossen), der in die Öffnung des Beutels gesteckt wird, entfernt einen Großteil der Luft. Sie können auch einen einfachen Eimer oder einen mit Wasser gefüllten Suppentopf verwenden, ähnlich wie bei der Verwendung von Schrumpfbeuteln, nur ohne die Wärme. Lassen Sie das verpackte Produkt langsam ins Wasser herab und achten Sie darauf, dass die Beutelöffnung nicht unter Wasser kommt. Das Wasser drückt einen Großteil der Luft heraus, wenn der Beutel nach unten sinkt. Stoppen Sie am tiefsten Punkt, an dem Sie den Beutel noch über der Wasserlinie verschließen können. Sobald der Beutel versiegelt ist, nehmen Sie ihn aus dem Wasser, trocknen ihn ab und lagern ihn.

Zusätzliche Materialien

Die vorstehenden Lösungen profitieren allesamt von zusätzlichen Materialien, je nachdem, was verpackt werden soll. Schaumstoffschalen können Struktur geben, insbesondere bei losen Produkten wie Fleischpatties, Fleischwürfeln und solchen, die, von Hand verpackt, aufbewahrt werden sollen. Saugfähige Pads, die oft Schaumstoffschalen beiliegen, absorbieren das abtropfende Tauwasser und verhindern so, dass sich Fehlaromen bilden. Es gibt entsprechende Beutel für Hackfleisch in allen Größen mit

Lebensmittel mit einem Kammervakuumierer verpacken

1. Falten Sie den Rand des Beutels nach unten und legen Sie das Fleisch hinein.

2. Falten Sie den Rand des Beutels wieder zurück und legen Sie den Beutel in den Kammervakuumierer. Der Rand des Beutels sollte flach und faltenfrei am Versiegelungsstreifen anliegen.

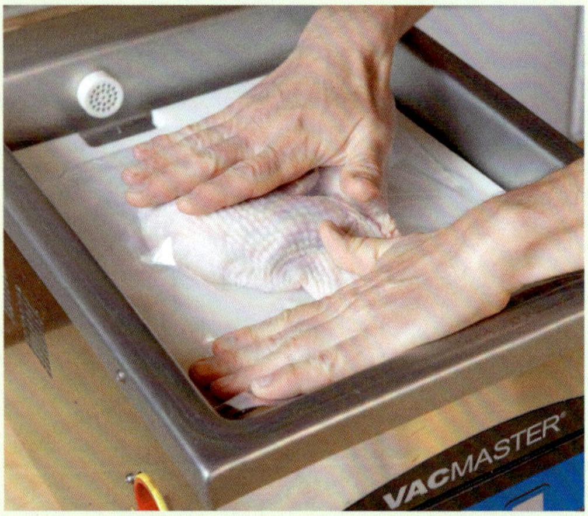

3. Drücken Sie auf den Beutel, um die Luft herauszudrücken. Schließen Sie den Deckel, wodurch die Luft aus dem Inneren der Kammer entweicht.

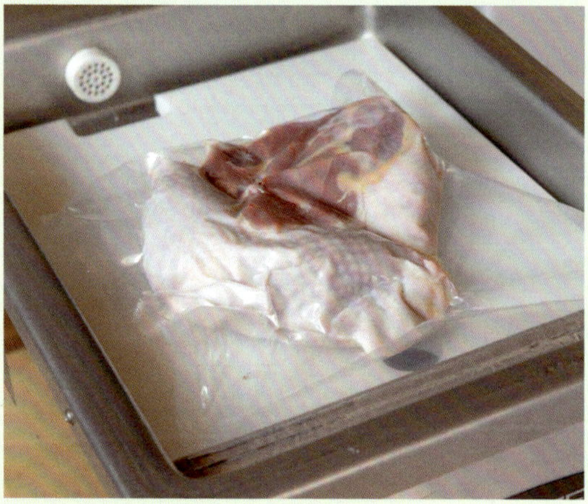

4. Der Deckel öffnet sich, nachdem der Beutel versiegelt ist und die Kammer wieder auf den normalen Druck wechselt.

Einschweißen eines Fleischstücks oder einer kleinen Karkasse

1. Legen Sie das Fleisch in den Schrumpfbeutel. Wenn Sie eine ganze Karkasse haben, legen Sie diese mit dem Kopf zuerst ein und drücken dann die Beine leicht nach unten. Stechen Sie ein kleines Loch in den Beutel, sodass die Luft entweichen kann, während das Plastik um das Fleisch herum schrumpft.

2. Verdrehen Sie die Oberseite des Beutels einige Male und verschließen Sie den Beutel mit Klemmen oder Klebeband. Lassen Sie so viel Luft wie möglich entweichen.

3. Halten Sie den Beutel am verdrehten Ende fest und tauchen ihn in heißes Wasser. Mit einer Zange, einem Sieb oder einer Schaumkelle bewegen Sie das Produkt unter Wasser. (Eventuell lässt die Luft im Beutel das Produkt anfangs aufsteigen.) Nach ein paar Sekunden schrumpft der Beutel und die Luft aus dem Loch entweicht.

4. Nehmen Sie das Produkt heraus und kontrollieren Sie, ob der Beutel die Karkasse komplett umschließt. Vermeiden Sie es, den Beutel mehrmals unterzutauchen, da dadurch Wasser in das Einstichloch eindringen kann.

Zwei Methoden zum Einwickeln von Fleisch

EINWICKELN AUS DER MITTE DES PAPIERS

1. Legen Sie Ihr Stück in die Mitte des Papiers.

2. Greifen Sie den oberen und unteren Rand und nehmen Sie beide Teile über dem Fleisch zusammen.

3. Falten Sie das Papier am zusammengenommenen Rand in Abständen von 2,5 Zentimetern nach unten und drücken Sie jeden Falz fest an. Arbeiten Sie weiter, bis das Papier fest am Fleisch anliegt.

4. Falten Sie die vier Seiten des Papiers nach innen, drücken Sie die Luft heraus und legen Sie die beiden Enden zur dreieckigen Spitze.

5. Drehen Sie das Paket um und legen Sie die dreieckigen Spitzen in der Mitte zusammen.

6. Kleben Sie die Spitzen mit gefrierfestem Klebeband fest und beschriften Sie das Paket.

EINWICKELN AUS DER ECKE DES PAPIERS

1. Legen Sie das Fleisch in die Ecke des Papiers, die Ihnen am nächsten liegt.

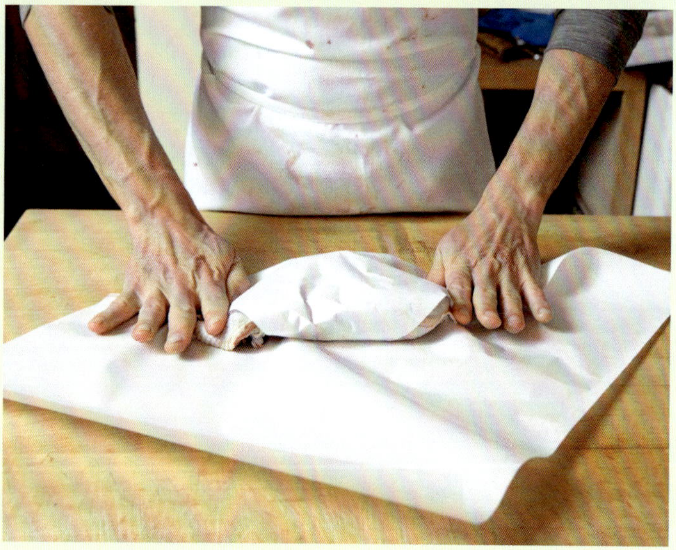

2. Legen Sie die nächstliegende Ecke des Papiers über das Fleisch und stecken Sie diese unter das Fleischstück.

3. Streichen Sie die Seiten des Papiers glatt und drücken Sie sie so fest, dass die Luft innen herausgedrückt wird.

4. Falten Sie die Ecken des Papiers nach oben und fest über das Fleisch, sodass weitere Luft herausgedrückt wird.

5. Halten Sie das Papier straff und rollen Sie das Fleisch zur hinteren Ecke des Papiers.

6. Kleben Sie die letzte Ecke des Papiers mit gefrierfestem Klebeband fest und beschriften Sie das Paket.

Gewichtsangaben, sodass man die Menge beim Füllen gut einschätzen kann. Bei allen Beuteln muss die Öffnung mit Klammern, Klemmringen oder Klebeband verschlossen werden. Die ersten beiden sind die besten Allround-Optionen, während das Klebeband vor allem bei Beuteln für Hackfleisch geeignet ist. Benutzen Sie eine Waage, wenn das Gewicht genau bestimmt werden muss. Die Preise für eine Waage sind recht unterschiedlich, aber meist reicht schon eine einfache Badezimmerwaage oder, für genauere Ergebnisse, eine Digitalwaage mit Dezimalanzeige. Die Waage muss für die maximale Größe geeignet sein, die Sie verarbeiten werden.

Etiketten für den Hausgebrauch sollten groß genug sein, damit Angaben wie Inhalt, Gewicht und Datum darauf Platz finden. Bei Produkten, die Sie verkaufen, müssen auf den Etiketten möglicherweise weitere Informationen zu Preis, Rasse oder Herstellungsbetrieb stehen. Die meisten Verpackungen von Fleischstücken sind Einwegverpackungen, auf die Sie mit einem guten Permanentmarker (Schreiben auf weißem oder farbigem Hintergrund verbessert die Lesbarkeit) alle Angaben notieren können. Vorläufige Etiketten auf wiederverwendbaren Behältern sollten einen gefrierfesten Klebstoff haben.

Auftauen

Unterschätzen Sie nicht die Bedeutung des richtigen Auftauens. Sie wenden so viel Zeit für das Verpacken und Einfrieren des Schlachtguts auf, doch Ihre Anstrengungen sind umsonst, wenn Sie das Fleisch falsch auftauen. Schlecht aufgetautes Fleisch ist im besten Fall von schlechter Textur und im schlimmsten Fall gefährlich für den Verzehr.

Was Sie *nicht* tun sollten

Tauen Sie ein Produkt niemals in der Mikrowelle auf, legen Sie es niemals in ein Warmwasserbad oder lassen Sie es auch nicht auf der Arbeitsplatte oder an einem anderen warmen Ort auftauen. Das Auftauen in der Mikrowelle ist zwar eine sichere Methode, um Fleisch aufzutauen, aber heraus kommt eine gedämpfte, teilweise gekochte Masse, die bereits chemische und physikalische Veränderungen erfahren hat, die nicht vorteilhaft für Textur und Geschmack sind. Der Versuch, den Auftauprozess zu beschleunigen, indem man das Fleisch Temperaturen aussetzt, die über denen des Kühlschrankes liegen, ist schlichtweg gefährlich. Diese Temperaturen liegen dann irgendwo zwischen 4 und 60 Grad, einem Bereich, der als Gefahrenzone gilt. (Weitere Informationen über die Gefahrenzone und lebensmittelbedingte Krankheiten siehe Seite 51). Dies gilt insbesondere für Geflügel und Innereien, aber die Gefahr besteht bei jedem verderblichen Produkt.

An eines müssen Sie denken: Das Auftauen von Fleisch dauert länger als das Einfrieren. Es gibt keine geeigneten Abkürzungen. Der Grund dafür liegt in der relativen Fähigkeit von Wasser, in verschiedenen Zuständen Wärme zu leiten. Eis leitet Wärme bis zu vier Mal schneller als Wasser. Beim Gefrieren erstarrt zuerst das Äußere des Fleisches, was dabei hilft, die

Wärme aus dem Fleisch abzuleiten und die Geschwindigkeit des Temperaturabfalls im Inneren zu beschleunigen. Beim Auftauen ist es genau umgekehrt: Die Außenseite taut zuerst auf und isoliert aufgrund der fehlenden Leitfähigkeit das gefrorene Innere. So können die wärmeren Außentemperaturen nicht nach innen gelangen. Aus diesem Grund ist die Zeit, die benötigt wird, um Fleisch richtig aufzutauen, wesentlich länger als die Gefrierzeit.

Richtiges Auftauen

Die idealen Methoden des Auftauens erfordern nur etwas Voraussicht und Zeit. Am besten und einfachsten gelingt es im Kühlschrank. In einem gut funktionierenden Kühlschrank können Sie alles auftauen, aber es dauert eine Weile, weil Luft Wärme nicht gut leitet. Aber es klappt trotzdem. Lassen Sie das Fleisch in der Verpackung, legen Sie es in einen Behälter, um Tropf- oder Kondenswasser aufzufangen, und lassen Sie es bei kleinen Teilen (kleine Zuschnitte und Wurst) mindestens einen Tag und bei großen Stücken (ganze Vögel) bis zu drei oder mehr Tage dort liegen.

Die zweite Methode, die Eiswasser verwendet, beweist, dass eine Flüssigkeit Wärme viel effizienter leitet als Gas. Nur so lässt sich die Auftauzeit wirklich verkürzen. Verwenden Sie einen Behälter, der etwa vier Mal so groß ist wie das Gefriergut. Tauchen Sie das Produkt mit der Verpackung in kaltes Wasser. (Ich beschwere es zusätzlich mit einigen Tellern, die das Produkt unter Wasser halten. Aber auch andere schwere Gegenstände sind geeignet.) Geben Sie viel Eis hinzu, und wenn es noch schneller gehen soll, lassen Sie kaltes Wasser hineintropfen. Die eisige Temperatur verkürzt tatsächlich die Auftauzeit und verzögert das mikrobielle Wachstum. Der tropfende Fluss an Wasser sorgt für eine leichte Bewegung im Wasserbad, sodass das kalte Wasser zu jeder Zeit das gefrorene Produkt umschließt. Mit dieser Methode können Sie kleine Produkte in nur 30 Minuten und große Produkte in einigen Stunden (oder mehr, je nach Größe) auftauen.

Eis leitet die Wärme bis zu vier Mal schneller als Flüssigkeit. Wenn zuerst die Außenseite von tiefgefrorenem Fleisch auftaut, isoliert sie die gefrorene Mitte und verhindert, dass die wärmeren Außentemperaturen das Innere erreichen.

Eis leitet die Wärme bis zu vier Mal schneller als Flüssigkeit. Wenn zuerst die Außenseite von tiefgefrorenem Fleisch auftaut, isoliert sie die gefrorene Mitte und verhindert, dass die wärmeren Außentemperaturen das Innere erreichen.

DANK

Die Lebensmittel auf unseren Tellern sind das Ergebnis der unbeugsamen Bemühungen von Landwirten, Viehzüchtern, Verarbeitern, Metzgern, Profiköchen, Köchen am heimischen Herd und allen, die an unserem Lebensmittelsystem beteiligt sind. Die Arbeit, die sie leisten, um die Ernährung unserer Familien zu gewährleisten, kann nicht genug gewürdigt werden. Wir müssen die Qualität von und den Zugang zu guten, vollwertigen Lebensmitteln verbessern. Engagieren Sie sich. (Das *Good Meat Project* ist ein guter Anfang.)

Durch meine eigene Lehrtätigkeit und meine Arbeit als Lebensmittelaktivist habe ich das Glück, viele talentierte Handwerker auf der ganzen Welt zu treffen und von ihnen zu lernen. Danke, dass Ihr so großzügig Weisheit und Kunstfertigkeit teilt. Unser Leben ist durch Eure Arbeit reicher geworden, weil Ihr kulturelle Esstraditionen weiterführt und das Wissen der Vorfahren weitergebt, das als Maßstab für Innovationen in unserem Handwerk dient.

Seit der Veröffentlichung meiner ersten Bücher vor einigen Jahren hat sich viel verändert, doch ist es beruhigend zu wissen, dass es Bereiche im Leben gibt, die beständig bleiben. Das Schreiben eines Buches ist die Art von Projekt, die von gewissen verlässlichen Annehmlichkeiten profitiert. Storey ist nach wie vor ein vorbildlicher Partner im Verlagswesen, der jede Phase des Prozesses mit hilfreicher Erfahrung und fachkundiger Anleitung unterstützt hat. Carleen, Sarah, Erin, Carolyn und das gesamte Team sind ideale Mitstreiter mit der perfekten Prise Leichtigkeit und Witz.

Joe Keller ist der ultimative Fotograf, mit dem man auch bei lehrreichen Themen zusammenarbeiten kann, und sein Assistent Jeff sorgt wie kein anderer für Leben und Spaß beim Shooting. Bei den ergänzenden Inhalten bin ich dankbar für Carmens Blick für Schönheit.

Alexis und Gillis von der Skyelark Ranch sind echte Landwirte, die sich für eine verantwortungsvolle Landnutzung und Tierhaltung einsetzen. Ich fühle mich geehrt, sie zu kennen und mit ihnen zu arbeiten, und bin dankbar für ihre Bereitschaft, uns wunderschön ausgewachsene Vögel für unser Fotoshooting zur Verfügung zu stellen.

Lanita und Suzanne von der Willow-Witt Ranch arbeiten seit Jahrzehnten unermüdlich daran, ihr Land zu verbessern, Tiere zu züchten und Umwelterziehung anzubieten. Ihr Engagement für die Umwelt zeigt sich auf ihrem Grundstück, das auch als wunderschöne Kulisse für eines unserer Fotoshootings diente.

Meine Familie ist meine Inspiration, um den Zugang zu guten Lebensmitteln zu verbessern und mich über die unzähligen Themen in unserem komplizierten System zu informieren. Hendrix Belle und Moxie Blaze sind ständige Quellen der Freude und erinnern mich an das Wunder, das es in unserer Welt noch gibt. Lola treibt mich an wie keine andere, und das macht mich zu einem besseren Menschen. Ohne ihre Unterstützung wäre so vieles von dem, was ich in meinem Leben anstrebe, unerreichbar.

LITERATURVERZEICHNIS

Bücher

Barbut, Shai. *The Science of Poultry and Meat Processing.* University of Guelph, 2016.

Chambers, Philip G., Temple Grandin, Gunter Heinz und Thinnarat Srisuvan. *Guidelines for Humane Handling, Transport and Slaughter of Livestock.* FAO, RAP Publication, 2001.

Danforth, Adam. *Butchering Poultry, Rabbits, Lamb, Goat und Pork.* Storey Publishing, 2014.

Food and Agriculture Organization of the United Nations. *Guidelines for Slaughtering, Meat Cutting und Further Processing.* FAO, 1991.

Heinze, Gunter und Peter Hautzinger. *Meat Processing Technology for Small- to Medium-Scale Producers.* FAO, RAP Publication, 2007.

Lawrie, R. A. *Lawrie's Meat Science.* CRC Press, 1998.

McGee, Harold. *On Food and Cooking: The Science and Lore of the Kitchen.* Scribner, 2004.

Myhrvold, Nathan, Chris Young und Maxime Bilet. *Modernist Cuisine: The Art and Science of Cooking.* The Cooking Lab, 2011.

Romans, John R., William J. Costello, Wendell C. Carlson und Marion L. Greaser. *The Meat We Eat.* Prentice Hall, 2000.

Artikel und Berichte

Akester, A. R. „Structure of the Glandular Layer and Koilin Membrane in the Gizzard of the Adult Domestic Fowl." Sub-Department of Veterinary Anatomy, University of Cambridge, 1985.

Basset, Anna. „Pre-slaughter Stunning: Why It Is Important for Poultry." Certified Animal Welfare Approved, 2009.

Berry, Joe G. *Home Processing of Poultry.* Oklahoma State University, 2003.

Bliven, Lynn, Tatiana Stanton und Erica Frenay. *On-Farm Poultry Slaughter Guidelines.* Cornell University Cooperative Extension, 2012.

CDC, FDA, USDA. *Foodborne Illnesses Table: Bacterial Agents.* USDA, 2004.

Dubey J. P., D. E. Hill, J. L. Jones, A. W. Hightower, E. Kirkland, J. M. Roberts, P. L. Marcet, T. Lehmann, M. C. Vianna, K. Miska, C. Sreekumar, O. C. Kwok, S. K. Shen, H. R. Gamble. „Prevalence of Viable *Toxoplasma Gondii* in Beef, Chicken und Pork from Retail Meat Stores in the United States: Risk Assessment to Consumers." United States Department of Agriculture, Agricultural Research Service, Animal and Natural Resources Institute, Animal Parasitic Diseases Laboratory, USA.

Fanatico, Anne. *Small-Scale Poultry Processing.* NCAT, 2003.

FDA. *Bad Bug Book: Foodborne Pathogenic Microorganisms and Natural Toxins,* 2nd ed. Keith A. Lampel (ed). CFSAN and FDA, U.S. Department of Health and Human Services, 2012.

FSIS. *Salmonella Compliance Guidelines for Small and Very Small Meat and Poultry Establishments That Produce Ready-to-Eat (RTE) Products and Revised Appendix A.* Food Safety and Inspection Service, U.S. Department of Agriculture, 2017.

Goodsell, Martha and Tatiana Stanton. *A Resource Guide to Direct Marketing Livestock and Poultry.* Cornell University, 2010.

Grandin, Temple. *Recommended Animal Handling Guidelines and Audit Guide: A Systematic Approach to Animal Welfare.* American Meat Institute Foundation, 2010.

Kim, G. D., J. Y. Jeong, S. H. Moon, Y. H. Hwang, G. D. Park und S. T. Joo. „Effects of Muscle Fiber Type on Meat Characteristics of Chicken and Duck Breast Muscle." Division of Applied Life Science, Gyeongsang National University.

McKee, S. R. und A. R. Sams. „Rigor Mortis Development at Elevated Temperatures Induces Pale Exudative Turkey Meat Characteristics." *Poultry Science* 77, no. 1 (1998): 169–174.

Santos, Helena Caminha, Adriano Brandelli und Marco Antônio Záchia Ayub. „Influence of Post-mortem Aging in Tenderness of Chicken Breast Fillets." *Ciência Rural* 34, no. 1 (2004): 905–910.

Savell, J. W., S. L. Mueller, B. E. Baird. „The Chilling of Carcasses." International Congress of Meat Science and Technology, 2004.

Scallan, Elaine, Robert M. Hoekstra, Frederick J. Angulo, Robert V. Tauxe, Marc-Alain Widdowson, Sharon L. Roy, Jeffery L. Jones und Patricia M. Griffin. „Foodborne Illness Acquired in the United States – Major Pathogens." *Emerging Infectious Diseases* 17, no. 1 2011: 7–15.

Schreurs, F. „Post-mortem Changes in Chicken Muscle." *World's Poultry Science Journal* 56, no. 4 (2004): 319–346.

Snyder, Jr., O. Peter. „The Microbiology of Cleaning and Sanitizing a Cutting Board." Hospitality Institute of Technology and Management (1997).

Sparrey, J., D. Sandercock, N. Sparks und V. Sandilands. „Current and Novel Methods for Killing Poultry Individually On-Farm." *World's Poultry Science Journal* 70, no. 4 (2014): 737–758.

Van Laanen, Peggy. „Safe Home Food Storage." Texas Agricultural Extension Service.

BEZUGSQUELLEN

Schlachtblöcke & Schneidbretter

Holz Leute
Viktualienmarkt 2
Ecke Marienplatz
80331 München
www.holz-leute.de

LAX Hausgeräte GmbH & Co. KG
Hohenstaufenring 47-51
50674 Köln
www.lax-online.de

Richard Kirsch Fleischereimaschinen GmbH
Mariendorfer Damm 59
12109 Berlin
www.fleischerbedarf.eu

Schneidbrett-Shop
Westendorfer Str. 36
29683 Bad Fallingbostel
www.schneidbrett-shop.de

Messertaschen & -rollen

LionsHome GmbH
Sophienstr. 16
10178 Berlin
Deutschland
www.lionshome.de

Wunschleder w-werk. GmbH
Gottsdorfer Straße 5
94107 Untergriesbach
www.wunschleder-home.de

Messer

Friedr. Dick GmbH & Co. KG
Esslinger Straße 4-10
D-73779 Deizisau
www.dick.de

JANA Jagd + Natur
Schwalbenweg 1
D-34212 Melsungen
www.jana-jagd.de

Lagerfeuerkochschule
Carsten Bothe
Blumenstraße 2
31167 Bockenem
www.carstenbothe.de

Messerspezialist.de
Dorfstr.6a
06369 Wehlau
www.messerspezialist.de

Tramontina Germany GmbH
Kamekestr. 21
50672 Köln
www.tramontina.de

Westfalia Werkzeugcompany GmbH & Co KG
Werkzeugstr. 1
D-58082 Hagen
www.westfalia.de

Schlachtbedarf

Breker
Kneblinghauser Weg 20
59602 Rüthen
www.breker.de

Brutmaschinen-Janeschitz GmbH
Dr.-Georg-Schäfer-Str. 17
97762 Hammelburg
www.bruja.de

CSV (Christian Stolle Vechta) Handels GmbH & Co. KG
An der Bäke 2
49377 Vechta Langförden
www.agrarking.de

FAIE Handelsgesellschaft mbH
Handelsstraße 9
A 4844 Regau
www.faie.de

FEK Fleischer-Einkauf Hannover/ Göttingen eG
Götzenbreite 16
37124 Rosdor
www.hausschlachtebedarf24.de

Gustav Ehlert GmbH & Co. KG
Schinkenstr. 9, 33415 Verl
www.ehlert-shop.de

HEKA-Brutgeräte
Langer Schemm 290
33397 Rietberg
www.heka-brutgeraete.de

J.Hemel Brutgeräte GmbH & Co.KG
Am Buschbach 20
33415 Verl
www.hemel.de

KARI FARMING GmbH
Dieselstr. 65-71
33442 Herzebrock-Clarholz
www.kari-farming.de

Rayk Hornbostel
Ernst Thälmann Str. 7
06526 Sangerhausen
Deutschland
www.hausschlachtebedarf.de

Siepmann GmbH
Wittener Landstraße 19
D-58313 Herdecke
www.siepmann.net

Tobias Freitag
Geflügelhof Freitag
Wiesenstraße 15
33397 Rietberg
www.freitagsgefluegelshop.de

Messerschärfen

KATO Deutschland GmbH
Stadtweide 17
46446 Emmerich am Rhein
Deutschland
www.knivesandtools.de

Manufactum GmbH
Hiberniastraße 5
45731 Waltrop
www.manufactum.de

Lebensmittelsicherheit & Rechtliches

In Deutschland ist es erlaubt, Hühner selbst zu schlachten – ohne Sachkundenachweis. Dennoch gibt es natürlich gesetzliche Bestimmungen, die beachtet werden müssen:

Die wichtigsten Bestimmungen stehen im **Tierschutzgesetz**, das darauf ausgelegt ist, das Wohl der Tiere zu schützen und Ihnen Leid zu ersparen. Deshalb schreibt es auch die Notwendigkeit der Betäubung und das schnelle Abtrennen des Kopfes vor. Näheres dazu in der **Tierschutz-Schlachtverordnung (TierSchlV)**: https://www.gesetze-im-internet.de/tierschlv_2013/

Wichtig ist, dass ohne einen Sachkundenachweis nur für den privaten Hausgebrauch geschlachtet werden darf. Sobald das Fleisch verkauft oder beispielsweise „nur“ an den Nachbarn verschenkt werden soll, dann unterliegt dies der Zulassungspflicht und es wird sowohl ein **Sachkundenachweis** als auch ein **Schlachtraum** benötigt.

Hygiene spielt beim Schlachten und Umgang mit Fleisch eine große Rolle. Gesetzlich wird dies in der **Tierischen Lebensmittel-Hygieneverordnung (Tier-LMHV)** geregelt. Hier sind besonders die Anforderungen an einen Schlachtraum zu beachten, wenn das Geflügel nicht nur für den Hausgebrauch bestimmt ist. https://www.gesetze-im-internet.de/tier-lmhv/

Auch die Entsorgung der Schlachtabfälle ist in Deutschland gesetzlich geregelt. Die Bestimmungen stehen im **Tierkörperbeseitigungsgesetz (TierKBG)** und im **Tierische Nebenprodukte-Beseitigungsgesetz (TierNebG)**. Es ist zu beachten, dass diese Regelungen von Bundesland zu Bundeland abweichen können. https://www.gesetze-im-internet.de/tiernebg/

GLOSSAR

ABDOMEN Bereich des Rumpfes zwischen Brusthöhle und Becken; der Bauch

ABDOMINAL den Bauch betreffend

AKTIN eines der beiden wichtigsten kontraktilen Proteine in den Muskelfasern; eines der Proteine, die verantwortlich sind für die Auswirkungen der Totenstarre

ANTERIOR bezieht sich auf die Vorderseite eines Tieres; meist unterhalb des Kopfes eines Tieres; das Gegenteil von „posterior"

ATLASWIRBEL Verbindung zwischen Schädelbasis und erstem Halswirbel

AUSBLUTEN (ENTBLUTEN) Abfluss von Blut aus einem lebenden Tier; Tod durch Verbluten

BECKEN (PELVIS) die verschmolzene Kombination von drei Knochen: Darmbein, Sitzbein und Schambein; informell als Hüfte bekannt

BINDEGEWEBE siehe Faszien

BRUSTBEIN (STERNUM) platter Knochen in der Mitte des vorderen Brustkorbs, an dem die Rippen ansetzen

BÜRZELDRÜSE eine Hautdrüse auf der Oberseite der Schwanzwurzel, die eine ölige Substanz absondert. Diese verteilt der Vogel zur Reinigung im gesamten Gefieder, damit es geschmeidig bleibt

DARMBEIN (ILIUM) vorderer Knochen des Beckens; einer der drei Knochen, die zusammen Becken oder Beckengürtel bilden

DFD Akronym für *Dark, Firm, Dry* – dunkel, fest und trocken – bei Fleisch; Fleisch mit zu hohem pH-Wert aufgrund von Stress und geringer Energie vor der Schlachtung

EINGEWEIDE (VISCERA) Gesamtheit der in den Körperhöhlen und im Hals-Kopf-Bereich gelegenen inneren Organe

ELLE einer der beiden Unterarmknochen; oft mit der Speiche verschmolzen

EPIMYSIUM Bindegewebe, das einen Skelettmuskel umgibt

FASZIEN flächige Bindegewebsschichten, hauptsächlich aus Kollagen bestehend, die Organe, Muskeln und andere Körperteile verbinden und umhüllen

GALLENBLASE zuständig für die Produktion und Ausscheidung von Galle; muss vor dem Verzehr der Leber entfernt werden

GASTROLITHEN kleine Steine, die von Geflügel verschluckt und im Muskelmagen gespeichert werden und die Verdauung unterstützen; auch als Magensteine bekannt

GELATINE das entstehende Protein nach der Hydrolyse von Kollagen

GEFLÜGELKLEIN Innereien des Geflügels; umfasst normalerweise Magen, Leber, Hals und Herz

GEFRIERBRAND das Austrocknen von tiefgefrorenen Lebensmitteln, vor allem an Oberflächen, die Frischluft ausgesetzt sind, verursacht durch Temperaturschwankungen oder eine undichte oder ungeeignete Verpackung

GLANDULA UROPYGIALIS siehe Bürzeldrüse

HALSKNOCHEN siehe Halswirbel

HALSWIRBEL kopfseitiges Ende der Wirbelsäule

INNEREIEN essbare Organe aus dem Brust- und Bauchbereich des Körpers

KNIEGELENK Gelenk zwischen Oberschenkelknochen und Schienbein

KNIESCHEIBE (PATELLA) scheibenförmiger, von vorn betrachtet dreieckiger Knochen, der vor dem Kniegelenk liegt

KOILIN ein dichtes, abriebfestes und ungenießbares Material, das die innere Auskleidung des Magens bildet

KOLLAGEN wichtigstes Protein in Bindegewebe, Knochen, Knorpel und Haut

KRANKHEITSERREGER ein gefährlicher Mikroorganismus, der in anderen Organismen Krankheiten verursacht; z. B. Keime

KROPF vorübergehender Nahrungsspeicher in der Speiseröhre eines Vogels, wo die Nahrung vor dem Übergang in den Vormagen verbleibt

LEBENSMITTELVERGIFTUNG Nahrungsmittelunverträglichkeiten werden durch den Verzehr von Nahrungsmitteln mit giftigen Inhaltsstoffen ausgelöst

MUSKELMAGEN der stark mit Muskeln durchzogene erste Magen des Geflügels, zuständig für die Zerkleinerung der Nahrung mithilfe von Gastrolithen, bevor die Nahrung in den Dünndarm weitergeleitet wird

MYOGLOBIN Protein, das für den Sauerstofftransport von der Blutbahn zu den Muskelfasern verantwortlich ist; kommt in verschiedenen Zuständen vor, je nach Bindung mit Sauerstoff oder anderen Elementen; führt zu den verschiedenen Zuständen der Muskelfärbung; der desoxygenierte Zustand ist verantwortlich für die violette Färbung von Fleisch, das noch nicht der Luft ausgesetzt war

MYOSIN eines der beiden wichtigsten kontraktilen Proteine in den Muskelfasern; eines der Proteine, die für die Folgen der Leichenstarre verantwortlich sind

OBERARMKNOCHEN (HUMERUS) verbindet sich ventral mit der Speiche und Elle und dorsal mit dem Schulterblatt

OBERSCHENKELKNOCHEN (FEMUR) größter Knochen des Körpers, steht mit Kniegelenk und Unterschenkelknochen in Verbindung. Über das Hüftgelenk außerdem mit dem Becken verbunden

PAPSTNASE siehe Pygostyl

PEKTORAL auf die Brust oder den Brustbereich bezogen

PH-WERT Grad der Säure oder Base in einer wässrigen Lösung

POSTERIOR bezieht sich auf die Rückseite eines Tieres; meist näher am Schwanz; Gegenteil von „anterior"

PSE Akronym für *Pale, Soft, Exucative* – blass, weich und wässrig – bei Fleisch; Fleisch mit einem zu niedrigen pH-Wert, ausgelöst durch Stress und Aufregung kurz vor der Schlachtung; das Fleisch wird weich, breiig und kann keine Feuchtigkeit binden

PYGOSTYL rudimentäre Verschmelzung der letzten Schwanzwirbel, auch als Papstnase bekannt

REIFUNG Prozess, bei dem natürliche chemische Reaktionen unter kontrollierten Bedingungen ablaufen, um den Auswirkungen der Totenstarre entgegenzuwirken und Geschmack und Zartheit des Fleisches zu verbessern

SCHIENBEIN Hauptunterschenkelknochen, bildet zusammen mit dem dünneren Wadenbein (Fibula) den Unterschenkel

SCHLACHTAUSBEUTE Prozentsatz des Lebendgewichts, das nach dem Schlachten, Ausbluten und Ausnehmen übrig bleibt; das Gewicht des Schlachtkörpers geteilt durch das Lebendgewicht und multipliziert mit 100

SCHLÜSSELBEIN einer der drei ursprünglichen Knochen des Schultergürtels. Bei Vögeln sind beide Schlüsselbeine zu einem V-förmigen Knochen verwachsen

SCHMERZUNEMPFINDLICH Unfähigkeit etwas zu fühlen, insbesondere Leiden

SCHULTERBLATT (SCAPULA) flacher Schulterknochen, der zur Stabilisation des Schultergelenks dient und den Oberarmknochen befestigt

SCHWANZ- hinteres Ende des Tieres betreffend

SILBERHAUT siehe Epimysium

SITZBEIN (ISCHIUM) der hintere Knochen des Beckens, der auch den dorsalen Rand des Beckens bildet; einer der drei Knochen, die zusammen Becken oder Beckengürtel bilden

SCHULTERBLATT (SCAPULA) flacher Schulterknochen, welcher der Stabilisation des Schultergelenks dient und den Oberarmknochen befestigt

SPEICHE (RADIUS) einer der beiden Unterarmknochen, liegt der Elle gegenüber

SPEISERÖHRE muskulöser Schlauch, außen von Bindegewebe umgeben und innen mit Schleimhaut ausgekleidet, Teil des Verdauungstrakts

STERIL frei von vermehrungsfähigen Keimen wie Mikroorganismen und Viren

TAURIGOR Auswirkung der Totenstarre, die bei einem auftauenden Tierkörper auftritt, der vor dem Einsetzen der Totenstarre eingefroren wurde

THORAX- den Brustkorb betreffend, der Bereich zwischen Hals- und Lendenwirbel

TOTENSTARRE (Leichenstarre, Rigor mortis) chemische Veränderung nach dem Tod, verursacht durch die Bindung von Myosin an den Aktinfasern, was zur Erstarrung der Muskulatur führt

TRINKBAR kann ohne Bedenken getrunken werden, etwa sauberes Trinkwasser

TROPFVERLUST Flüssigkeiten, die Nährstoffe, Pigmente und Mineralien enthalten und aus frischem, gefrorenem oder gekochtem Fleisch abtropfen

VORMAGEN (PROVENTRICULUS) der erste Magen des Verdauungssystems der Vögel, der die Nahrung aus dem Kropf aufnimmt, bevor er sie an den Muskelmagen weiterleitet

WADENBEIN kleinerer der beiden unteren Beinknochen; trägt im Vergleich zum Schienbein wenig Gewicht und ist beim Geflügel mit dem Schienbein verschmolzen

WIRBEL (VERTEBRA) Knochen, die Wirbelsäule bilden

ZERVIKAL zum Hals oder Halsteil gehörend

ZUSCHNITT-ÜBERSICHT Liste mit Fleischzuschnitten und Produkten aus ganzen Schlachtkörpern

REGISTER

F

G

H

I

K

L

M

N

O

P

Q

R

S

Land & WERKEN

Die Reihe für Nachhaltigkeit und Selbstversorgung

80 Seiten, zahlreiche Farbfotos,
183 x 225 mm, Softcover
ISBN 978-3-96664-129-6

€ 12,99

160 Seiten, zahlreiche Farbfotos,
183 x 225 mm, Softcover
ISBN 978-3-95843-771-5

€ 18,–

120 Seiten, zahlreiche Farbfotos,
183 x 225 mm, Softcover
ISBN 978-3-96664-172-2

€ 14,99

208 Seiten, zahlreiche farbige Illustrationen, 183 x 225 mm, Hardcover
ISBN 978-3-86852-685-1

€ 22,–

128 Seiten, zahlreiche Farbfotos,
183 x 225 mm, Softcover
ISBN 978-3-95843-327-4

€ 14,99

80 Seiten, zahlreiche Farbfotos,
183 x 225 mm, Softcover
ISBN 978-3-95843-179-9

€ 12,99

Unser komplettes Programm erhalten Sie in jeder Buchhandlung und unter www.heel-verlag.d

HEEL Verlag GmbH | Gut Pottscheidt | 53639 Königswinter